电气控制与 PLC 原理及应用

陈 祥 著

哈尔滨出版社
HARBIN PUBLISHING HOUSE

图书在版编目（CIP）数据

电气控制与 PLC 原理及应用 / 陈祥著． -- 哈尔滨：哈尔滨出版社，2024.1
ISBN 978-7-5484-7417-3

Ⅰ．①电… Ⅱ．①陈… Ⅲ．①电气控制②PLC 技术 Ⅳ．①TM571.2②TM571.6

中国国家版本馆 CIP 数据核字（2023）第 134353 号

书　　名：	**电气控制与 PLC 原理及应用**
	DIANQI KONGZHI YU PLC YUANLI JI YINGYONG
作　　者：	陈　祥　著
责任编辑：	韩伟锋
封面设计：	张　华
出版发行：	哈尔滨出版社（Harbin Publishing House）
社　　址：	哈尔滨市香坊区泰山路 82-9 号　邮编：150090
经　　销：	全国新华书店
印　　刷：	廊坊市广阳区九洲印刷厂
网　　址：	www.hrbcbs.com
E - mail：	hrbcbs@yeah.net
编辑版权热线：（0451）87900271　87900272
开　　本：	787mm×1092mm　1/16　印张：11.25　字数：250 千字
版　　次：	2024 年 1 月第 1 版
印　　次：	2024 年 1 月第 1 次印刷
书　　号：	ISBN 978-7-5484-7417-3
定　　价：	76.00 元

凡购本社图书发现印装错误，请与本社印制部联系调换。

服务热线：（0451）87900279

前　言

　　随着我国经济水平的不断提高，科学技术水平也在不断发展，我们也已经进入了科技时代，电气工程及其自动化技术凭借其显著的发展优势逐渐融入人们的生活当中，许多行业的发展都已经无法离开电气工程及其自动化技术。同时，电气工程及其自动化属于一门综合性学科，主要建立在信息技术之上，并在一定程度上带动了我国工业信息化的发展。

　　PLC 又名可编程序控制器，是目前工业领域中非常有用的控制装置，与传统继电器控制系统相比，具有结构灵活、容易扩展、抗干扰能力强、可靠性高、编程方法简单、性价比高、安全实用等优点。PLC 的出现已逐渐取代继电器控制系统。

　　本书首先介绍了开关电器、熔断器、接触器、继电器及主令电器等低压电器，对电气控制系统图、三相笼型异步电动机的控制及典型电气控制线路做了分析；随后阐述了 PLC 的定义、组成、工作原理、编程的基本指令等内容，系统而全面地介绍了三相异步电动机、直流电机、控制电机的基础知识、机械特性以及控制等内容；最后介绍了 PLC 基本逻辑指令及其应用，内容包括电动机启保停的 PLC 控制、3 台电动机顺序启停的 PLC 控制、电动机循环正反转的 PLC 控制、电动机 Y/△减压启动的 PLC 控制等内容。本书可作为各类学校电气专业、机电一体化专业、自动化专业、测控等专业的教材和学习参考，也可作为从事 PLC 应用开发的工程技术人员的培训教材或技术参考书。

　　在本书编写的过程中，参阅了许多专家的教材、著作和论文，还得到国内外相关企业和同行的支持，在此一并表示由衷的感谢。

　　鉴于电气控制与 PLC 技术的发展迅速，编者时间和水平有限，书中难免存在内容、结构和文字表述等方面的问题和不妥之处，敬请同行专家和广大读者批评和指正，谢谢！

目 录

第一章 低压电器的认知 ·· 1
    第一节 开关电器 ·· 1
    第二节 熔断器 ·· 4
    第三节 接触器 ·· 8
    第四节 继电器 ··· 12
    第五节 主令电器 ··· 22

第二章 电气控制线路基本环节和典型线路分析 ······················ 28
    第一节 电气控制系统图 ··· 28
    第二节 三相笼型异步电动机的基本控制 ····························· 32
    第三节 三相笼型异步电动机降压启动控制 ··························· 39
    第四节 三相笼型异步电动机制动控制 ······························· 40
    第五节 三相笼型异步电动机调速控制 ······························· 47
    第六节 典型生产机械电气控制线路分析 ····························· 50

第三章 可编程序控制器基础 ·· 62
    第一节 可编程序控制器概述 ·· 62
    第二节 可编程序控制器结构组成与工作原理 ························ 75
    第三节 可编程序控制器编程基本指令及编程 ························ 84

第四章 三相异步电动机与控制 ·· 104
    第一节 三相异步电动机的结构与工作原理 ························· 104
    第二节 三相异步电动机的转矩特性与机械特性 ···················· 109
    第三节 三相异步电动机的使用 ····································· 111

第四节　三相异步电动机的正、反转控制 …………………………… 120

第五章　直流电机与控制 …………………………………………… 125
第一节　直流电机的基础知识 ……………………………………… 125
第二节　他励直流电动机的机械特性 ……………………………… 132
第三节　直流电动机的控制 ………………………………………… 134

第六章　控制电机与控制 …………………………………………… 139
第一节　伺服电动机 ………………………………………………… 139
第二节　测速发电机 ………………………………………………… 142
第三节　步进电动机 ………………………………………………… 145

第七章　PLC基本逻辑指令及其应用 ……………………………… 152
第一节　电动机启保停的PLC控制 ………………………………… 152
第二节　3台电动机顺序启停的PLC控制 ………………………… 159
第三节　电动机循环正反转的PLC控制 …………………………… 163
第四节　电动机Y/△减压启动的PLC控制 ………………………… 167

参考文献 ……………………………………………………………… 171

第一章　低压电器的认知

第一节　开关电器

低压开关主要用于成套设备中隔离电源，亦可作用于不频繁地接通和分断的低压供电线路中，另外，它也可用作小容量笼型异步电动机直接启动的控制。这类电器主要包括瓷底胶盖刀开关、组合开关和自动空气开关等。

一、瓷底胶盖刀开关

瓷底胶盖刀开关又称为开启式负荷开关，简称闸刀开关。生产中常用的是 HK 系列开启式负荷开关，适用照明、电热设备及小容量电动机控制电路中，用于手动和不频繁接通以及分断电路，并起短路保护的作用。HK 系列负荷开关由瓷质手柄、动触头、进线座、静触头、出线座、胶盖紧固螺钉、胶盖等组合而成。开启式负荷开关的结构简单，价格便宜，在一般的照明电路和功率小于 5.5 kW 的电动机控制线路中被广泛采用。但这种开关没有专门的灭弧装置，其刀式动触头和静触头易被电弧灼伤引起接触不良，因此不宜用于操作频繁的电路中。

二、组合开关

1. 组合开关结构及工作原理

常用的 HZ10-10/3 型组合开关的三对静触头分别装在三层绝缘垫板上，并附有接线柱，用于与电源及用电设备相接动触头是由磷铜片（或硬紫铜片）和具有良好灭弧性能的绝缘纸板铆合而成，并和绝缘垫板一起套在附有手柄的方形绝缘转轴上，手柄和转轴能在平行于安装面的平面内沿顺时针或逆时针方向每次转动 90°，带动三个动触头分别与三对静触头接触或分离，实现接通或分断电路的目的。开关的顶盖部分是由滑板、凸轮、扭簧和分柄等构成的操作机构，由于采用了扭簧储能，可使触头快速闭合或分断，从而提高了开关的通断能力，组合开关的绝缘垫板可以一层层组合起来，并按不同的方式配置触头，得到不同的控制要求。

2. 主要技术参数

HZ10 系列组合开关的技术数据见表 1-1。

表 1-1　HZ10 系列组合开关的技术数据

型号	额定电压 /V	额定电流 /A	极数	极限操作电流（三级）/A 接通	极限操作电流（三级）/A 分段	可控制电动机最大容量和额定电流（三级）容量 /kW	可控制电动机最大容量和额定电流（三级）额定电流 /A	额定电压及额定电流下的通断次数 交流功率因数 ≥0.8	额定电压及额定电流下的通断次数 ≥0.3	直流时间 /s ≤0.0023	≤0.01
HZ10-10	DC220 AC380	6 10	单极 3极、3极	94	62	3	7	20000	10000	20000	10000
HZ10-25		25		155	108	5.5	12				
HZ10-60		60		—	—	—	—				
HZ10-100		100						10000	5000	10000	5000

3. 组合开关的选择

① 用于照明或电热电路。组合开关的额定电流应等于或大于被控制电路中各负载电流的总和。

② 用于电动机电路。组合开关的额定电流一般取电动机额定电流的 1.5 ~ 2.5 倍。

4. 组合开关的常见故障分析及其排除方法

组合开关的常见故障分析及其排除方法见表 1-2。

表 1-2　组合开关的常见故障分析及其排除方法

故障现象	产生原因	排除方法
手柄转动 90° 角而内部触头未动	①手柄上的三角形或半圆形口磨成圆形 ②操作机构损坏 ③绝缘杆由方形磨成圆形 ④轴与绝缘杆装配不紧	①调换手柄 ②修理操作机构 ③更换绝缘杆 ④紧固轴与绝缘杆

续表

故障现象	产生原因	排除方法
手柄转动而三对静触头和动触头不能同时接通或断开	①开关型号不对 ②修理后触头位置装配不正确 ③触头失去弹性或有尘污	①更换开关 ②更新装配 ③更换触头或清除尘污
开关接线柱相间短路	一般由于长期不清扫，铁屑或油污附在接线柱间形成导电层，使胶木烧焦，绝缘破坏形成短路	清扫开关或调换开关

三、自动空气开关

自动空气开关又称为低压断路器或自动空气断路器，简称断路器。它是低压配电网络和电力拖动系统中常用的一种配电电器，集控制和多种保护功能于一体，在正常情况下可用于不频繁接通和断开电路以及控制电动机的运行。当电路发生短路、过载或失压等故障时，能自动切断故障电路，保护电路和电器设备。低压断路器具有操作安全、安装使用方便、工作可靠、动作值可调、分断能力较强、兼顾多种保护、动作后不需要更换元件等优点，因此得到了广泛作用。

低压断路器按结构形式可分为塑壳式、框架式、限流式、直流快速式、灭磁式和漏电保护式六类。

常用的低压断路器是DZ系列塑壳式断路器，如DZ5系列和DZ10系列。其中，DZ5为小电流系列，额定电流为10～50 A；DZ10为大电流系列，额定电流有100 A、250 A等。

（一）DZ系列塑壳式自动空气断路器的结构

自动空气断路器DZ系列，主要由触头系统、灭弧装置、操作机构、保护装置（各种脱扣器）及外壳等几部分组成。结构为立体布置，操作机构居中，有红色分闸按钮和绿色合闸按钮伸出壳外；主触头系统在后部，有一对动断和一对动合的辅助触点。

（二）DZ系列塑壳式自动空气断路器的工作原理

动空气断路器的三对主触头与被保护的三相主电路相串联，当手动闭合电路后，其主触头由锁链钩住搭钩，克服弹簧的拉力，保持闭合状态搭钩可绕轴转动。当被保护的主电路正常工作时，电磁脱扣器中线圈所产生的电磁吸合力不足以将衔铁吸合；而当被保护的主电路发生短路或产生较大电流时，电磁脱扣器中线圈所产生的电磁吸合力随之增大，直至将衔铁吸合，并推动杠杆，把搭钩顶离。在弹簧的作用下主触头断开，切断主电路，起到保护作用。当电路电压严重下降或消失时，使电压脱口器中的吸合力减少或失去吸合力，衔铁被弹簧拉开，推动杠杆，将搭钩顶开，断开了主触头。如果电路发生过载时，过载电流流过发热元件，使双金属片向上弯曲，将杠杆推动，断开主触头，起到保护作用。

（三）自动空气断路器的选用

①自动空气断路器的额定电压和额定电流应不小于电路的额定电压和最大工作电流。

②热脱扣器的整定电流与所控制负载的额定电流一致，电磁脱扣器的瞬时脱扣整定电流应大于负载电路正常工作时的最大电流。

对于单台电动机来说，电磁脱扣器的瞬时脱扣整定电流 I_z 可按下式计算：

$$I_z \geq kI_q$$

式中，k 为安全系数，一般取 1.5~1.7；I_q 为电动机的启动电流。

对于多台电动机来说，可按下式计算：

$$I_z \geq kI_{q\max} + 电路中其他的工作电流$$

式中，k 也可取 1.5~1.7；$I_{q\max}$ 为其中一台启动电流最大的电动机的电流。

第二节 熔断器

熔断器是低压配电网络和电力拖动系统中主要用作短路保护的电器，使用时串联在被保护的电路中，当电路发生短路故障，通过熔断器的电流达到或超过某一额定值时，以其自身产生的热量使熔体熔断，从而自动分断电路，起到保护作用。它具有结构简单、价格便宜、动作可靠、使用和维护方便等优点，因此得到了广泛的应用。

熔断器主要由熔体、安装熔体的熔管和熔座三部分组成。熔体的材料通常有两种，一种由铅、铅锡合金或锌等低熔点材料制成，多用于小电流电路；另一种由银、铜等较高熔点的金属制成，多用于大电流电路。

熔断器按结构形式分为半封闭插入式、螺旋式、无填料封闭管式、有填料封闭管式、快速式熔断器，下面介绍几种常见的熔断器系列。

一、RCIA 系列插入式熔断器的结构

RCIA 系列插入式熔断器由瓷座、瓷盖、动触头、静触头和熔丝五部分组成。主要用于 50Hz 交流电、额定电压 380V 及以下、额定电流 200 A 及以下的低压线路的末端或分支电路中,作为电气设备的短路保护及一定程度的过载保护。

二、RL1 系列螺旋式熔断器的结构

RL1 系列螺旋式熔断器主要由瓷帽、熔断管、瓷套、上接线座、下接线座及瓷座等部分组成,它属于有填料封闭管式熔断器。

三、其他熔断器

其他常见的熔断器还有 RM10 系列、无填料封闭管式熔断器和快速熔断器。RMK 系列无填料封闭管式熔断器主要由熔断管、熔体、夹头及夹座等部分组成。它适用于 50Hz 交流电、额定电压 380V 或直流 440 V 及以下电压等级的动力网络和成套配电设备中,作为导线、电缆及较大容量的电气设备的短路和连续过载保护。快速熔断器又称为半导体保护用熔断器,主要用于半导体功率元件的过流保护。它的结构简单、使用方便、动作灵敏可靠。目前常用的快速熔断器有 RSO、KS3、RLS2 等系列。

四、熔断器主要技术参数

(一)额定电压

额定电压是指熔断熔壳长期工作时以及分断后能够承受的电压值,其值一般大于或等于电气设备的额定电压。

(二)额定电流

额定电流指熔断熔壳长期通过的、不超过允许温升的最大工作电流值。

(三)熔体的额定电流

熔体的额定电流指长期通过熔体而不熔断的最大电流值。

（四）熔体的熔断电流

熔体的熔断电流指通过熔体并使其熔化的最小电流值。

（五）极限分断能力

极限分断能力指熔断器在故障条件下，能够可靠地分断电路的最大短路电流值。RCIA 系列和 RL1 系列熔断器的主要技术参数见表 1-3 和表 1-4。

表 1-3 RCIA 系列熔断器的主要技术参数

型号	额定电压 /V	熔壳额定电流 /A	熔体额定电流 /A	极限分断能力 /kA
RCIA-5	380	5	1、2、3、5	0.5~3
RCIA-10		10	2、4、6、10	
RCIA-15		15	6、10、15	
RCIA-30		30	15、20、25、30	
RCIA-60		60	30、40、50、60	
RCIA-100		100	60、80、100	
KCIA-200		200	100、120、150、200	

表 1-4 RL1 系列熔断器的主要技术参数

型号	熔壳额定电流 /A	熔体额定电流 /A	极限分断能力 /kA 380 V	极限分断能力 /kA 500 V
RLI-10	15	2、4、6、10、15	2	2
RLI-15	60	20、25、30、35、40、50、60	5	3.5
RLI-30	100	60、80、100	—	20
RLI-60	200	100、125、150、200	—	50

五、熔断器的选择

（一）熔断器的选择

①应根据使用场合选择熔断器的类型。电网配电一般用无填料封闭管式或有填料封闭管式熔断器；电动机保护一般用螺旋式熔断器；照明电路一般用瓷插式熔断器；保护晶闸管则应选快速式熔断器。

②熔断器的额定电压应大于或等于电路工作电压。

③熔断器的额定电流应大于或等于电路负载电流。

④电路上、下两级都设熔断器保护时，其上、下两级熔体电流大小的比值不小于1.6。

（二）熔体的选择

①对电阻性负载（如电炉、照明电路），熔断器可做过载和短路保护，熔体的额定电流应大于或等于负载的额定电流。

②对电感性负载的电动机电路，只做短路保护而不宜做过载保护。

③对单台电动机保护，熔体的额定电流应不小于电动机额定电流 I_N 的 1.5~2.5 倍，即 $I_{RN} \geq (1.5 \sim 2.5)I_N$。轻载启动或启动时间较短时系数可取 1.5 左右；带负载启动、启动时间较长或启动较频繁时，系数可取 2.5。

④对多台电动机保护，熔体的额定电流 I_{RN} 应不小于最大一台电动机额定电流 $I_{N\max}$ 的 1.5~2.5 倍，再加上其余同时使用电动机的额定电流之和（$\sum I_N$）。即

$$I_{RN} \geq (1.5 \sim 2.5)I_{N\max} + \sum I_N$$

六、熔断器的使用及维护

①应正确选用熔体和熔断器。有分支电路时，分支电路的熔体额定电流应比前一级小 2~3 级；对不同性质的负载，如照明电路、电动机电路的主电路和控制电路等，应尽量分别保护，装设单独的熔断器。

②安装螺旋式熔断器时，必须注意将电源线接到瓷底座的接线端，以保证安全。

③瓷插式熔断器安装熔丝时，熔丝应顺着螺钉旋紧方向绕过去，同时应注意不要划伤熔丝，也不要把熔丝绷紧，以免减小熔丝截面尺寸或插断熔丝。

④更换熔体时应切断电源，并应换上相同额定电流的熔体，不能随意加大熔体。

七、熔断器的常见故障分析

熔断器的常见故障分析见表 1-5。

表 1-5 熔断器的常见故障分析

故障现象	可能原因	排除方法
电动机启动瞬间熔体即熔断	①熔体安装时受机械损伤 ②熔体规格太小 ③被保护的短路或接地 ④有一相电源发生断路	①更换新的熔体 ②更换合适的熔体 ③检查线路，找出故障点并排除 ④检查熔断器及被保护电路，找出断路点并排除
熔丝未熔断，电路不通	①熔体或连接线接触不良 ②紧固螺钉松脱	①旋紧熔体或将接线牢固 ②找出松动处螺钉或螺母旋紧
熔断器过热	①接线螺钉松动，导线接触不良 ②接线螺钉锈死，压不紧线 ③熔体规格太小，负载过重 ④环境温度过高	①拧紧螺钉 ②更换螺钉、垫圈 ③更换熔体 ④改善环境条件
瓷绝缘件破损	①产品质量不合格 ②外力破坏 ③操作时用力过猛 ④过热引起	①停电更换 ②停电更换 ③停电更换，注意操作手法 ④查明原因，排除故障

第三节 接触器

接触器是一种自动化的控制电器。接触器主要用于频繁接通或分断交、直流电路，控制容量大、可远距离操作，配合继电器可以实现定时操作、联锁控制、各种定量控制和失压及欠压保护，广泛应用于自动控制电路，其主要控制对象是电动机，也可用于控制其他电力负载，如电热器、照明、电焊机、电容器组等。接触器按被控电流的种类可分为交流接触器和直流接触器。

常用的交流接触器有 CJ10、CJ12 和 CJ20 等系列以及国外引进先进生产技术的 3TB 系列、B 系列等。

一、交流接触器的结构及工作原理

（一）交流接触器的结构

交流接触器主要由以下四个部分组成。

1. 电磁机构

电磁机构由线圈、动铁心和静铁心等组成。它能产生电磁吸力,驱使触头动作。在铁心头部平面上都装有短路环,装的是消除交流电磁铁在吸合时可能产生的衔铁振动和噪声。交变电流过多时,电磁铁的吸力为零,衔铁被释放;但当交变电流过了零值后,衔铁又被吸合;这样一放一吸,使衔铁发生振动。当装上短路环后,在其中产生感应电流,能阻止交变电流过零值时磁场的消失,使衔铁与铁心之间始终保持一定的吸力,因此消除了振动现象。

2. 触头系统

包括主触头和辅助触头。主触头用于接通和分断主电路,通常为三对常开触头;辅助触头用于控制电路,起联锁作用,故又称联锁触头,一般有常开、常闭触头各两对在线圈未通电时(即平常状态下),处于相互断开状态的触头叫常开触头,又叫动合触头;处于相互接触状态的触头叫常闭触头,又叫动断触头。接触器中的常开和常闭触头是联动的;当线圈通电时,所有的常闭触头先行分断,然后所有的常升触头跟着闭合;当线圈断电时,在反力弹簧的作用下,所有触头都恢复原来的平常状态。

3. 灭弧罩

额定电流在 20 A 以上的交流接触器,通常都设有陶瓷灭弧罩。它的作用是能迅速切断触头在分断时所产生的电弧,以避免发生触头烧毛或熔焊。

4. 其他部分

包括反力弹簧、触头压力簧片、缓冲弹簧、短路环、底座和接线柱等。反力弹簧的作用是当线圈断电时使衔铁和触头复位。触头压力簧片的作用是增大触头闭合时的力,从而增大触头接触面积,避免因接触电阻增大而产生触头烧毛现象,缓冲弹簧可以吸收衔铁被吸合时产生的冲击力,起保护底座的作用。

(二)交流接触器的工作原理

当线圈通电后,线圈中电流产生的磁场,使铁心产生电磁吸力将衔铁吸合。衔铁带动触头动作,使常闭触头断开,常开触头闭合。当线圈断电时,电磁吸力消失,衔铁在反力弹簧的作用下释放,各触头随之复位。

二、交流接触器的主要技术参数

(1)额定电压。接触器铭牌上的额定电压是指主触头的额定电压。交流电压的等级有127V、220 V、380 V 和 500 V。

(2)额定电流。接触器铭牌上的额定电流是指主触头的额定电流。交流电流的等级有 5 A、10A、20 A、40 A、60 A、100 A、150 A、250 A、400 A 和 600A。

（3）吸引线圈的额定电压。交流电压的等级有：36 V、110 V、127 V、220 V 和 380V。CJ20 系列交流接触器的技术参数见表 1-6。

表 1-6　CJ20 系列交流接触器的技术参数

型号	频率/Hz	辅助触头额定电流/A	吸引线圈电压/V	主触头额定电流/A	额定电压 V	可控制电动机最大功率/kW
CJ20-10	50	5	36、127	10	380/220	7.5/4.5
CJ20-16			220、380	16	380/220	11/5.5
CJ20-25			—	18	380/220	380/220
CJ20-40				40	380/220	30/18
CJ20-63				63	380/220	50/28
CJ20-100			—	100	380/220	85/48
CJ20-160			—	160	380/220	132/80
CJ20-250				250	380/220	220/115
CJ20-400				400	380/220	—

三、交流接触器的选择

交流接触器的选择主要考虑如下因素：

①依据负载电流性质决定接触器的类型，即直流负载选用直流接触器，交流负载选用交流接触器。

②接触器主触头额定电压大于等于线路工作电压。

③接触器主触头额定电流略大于等于负载额定电流。

④吸引线圈的额定电压与控制电路电压相一致。

⑤主触头与辅助触头中动合触头和动断触头数量符合电路需求。

四、接触器常见故障及其排除方法

接触器常见故障及其排除方法见表 1-7。

表1-7　接触器常见故障及其排除方法

常见故障	可能原因	排除方法
通电后不能闭合	①线圈断线或烧毁 ②动铁心或机械部分卡住 ③转轴生锈或歪斜 ④操作回路电源容量不足 ⑤弹簧压力过大	①修理或更换线圈 ②调整零件位置，消除卡住现象 ③除锈并上润滑油，或更换零件 ④增加电源容量 ⑤调整弹簧压力
通电后动铁心不能完全吸合	①电源电压过低 ②触头弹簧和反作用弹簧压力过大 ③触头超程过大	①调整电源电压 ②调整弹簧压力或更换弹簧 ③调整触头超程
电磁铁噪声过大或发生振动	①电源电压过低 ②弹簧压力过大 ③铁心极面有污垢或磨损过度而不平 ④短路环断裂 ⑤铁心夹紧螺栓松动、铁心歪斜或机械故障	①调整电源电压 ②调整弹簧压力 ③清除污垢、修整极面或更换铁心 ④更换短路环 ⑤拧紧螺栓，排除机械故障
接触器动作缓慢	①动、静铁心间的间隙过大 ②弹簧压力过大 ③线圈压力不足 ④安装位置不正确	①调整机械部分，减少间隙 ②调整弹簧压力 ③调整线圈电压 ④重新安装
断电后接触器不释放	①触头弹簧压力过小 ②动铁心或机械部分被卡住 ③铁心剩磁过大 ④触头熔焊在一起 ⑤铁心极面有油污或尘埃	①调整弹簧压力，更换弹簧 ②调整零件位置、消除卡住现象 ③退磁或更换铁心 ④修理或更换触头 ⑤清理铁心极面
线圈过热或烧毁	①弹簧压力过大 ②线圈额定电压、频率或通电持续率等与使用条件不符 ③操作频率过高 ④线圈匝间短路 ⑤运动部分卡住 ⑥环境温度过高 ⑦空气潮湿或有腐蚀性气体 ⑧交流铁心极面不平	①调整弹簧压力 ②更换线圈 ③更换接触器 ④更换线圈 ⑤排除卡住现象 ⑥改变安装位置或采用降温措施 ⑦采取防潮、防腐蚀措施 ⑧清除极面或更换铁心

续表

常见故障	可能原因	排除方法
触头过热或灼伤	①触头弹簧压力过小 ②触头表面有油污或表面凹凸不平 ③触头的超行程过小 ④触头的断开能力不够 ⑤环境温度过高或散热不好	①调整弹簧压力 ②清理触头表面 ③调整超行程或更换触头 ④更换接触器 ⑤接触器降低容量使用
触头熔焊在一起	①触头弹簧压力过小 ②触头断开能力不够 ③触头开断次数过多 ④触头表面有金属颗粒突起或异物 ⑤负载侧短路	①调整弹簧压力 ②更换接触器 ③更换触头 ④清理触头表面 ⑤排除短路故障，更换触头
相间短路	①可逆转的接触器联锁不可供，致使两个接触器同时投入运行而造成相间短路 ②接触器动作过快，发生电弧短路 ③尘埃或油污使绝缘变坏 ④零件损坏	①检查电气联锁与机械联锁 ②更换动作时间较长的接触器 ③经常清理，保持清洁 ④更换损坏零件

第四节 继电器

在机电控制系统中，虽然利用接触器作为电器执行元件可以实现最基本的自动控制，但对于稍复杂的情况就无能为力。在绝大多数的机电控制系统中，需要根据系统的各种状态或参数进行判断和逻辑运算，然后根据逻辑运算结果去控制接触器等电气执行元件，实现自动控制的目的。这就需要能够对系统的各种状态或参数进行判断和逻辑运算的电器元件，这一类电器元件就称为继电器。

继电器实质上是一种传递信号的电器，它是一种根据特定形式的输入信号转变为其触点开合状态的电器元件。一般来说，继电器由承受机构、中间机构和执行机构三部分组成承受机构，反映继电器的输入量，并传递给中间机构，与预定的量（整定量）进行比较，当达到时，中间机构就使执行机构动作，其触点闭合或断开，从而实现某种控制目的。

继电器作为系统的各种状态或参量判断和逻辑运算的电器元件，主要起到信号转换和传递作用，其触点容量较小。所以，通常接在控制电路中用于反映控制信号，而不能像接触器那样直接接到有一定负荷的主回路中。这也是继电器与接触器的根本区别。

继电器的种类很多，按信号的种类可分为电流继电器、电压继电器、速度继电器、压力继电器、温度继电器等；按动作原理分为电磁式继电器、感应式继电器、电动式和电子式继电器；按动作时间分为瞬时动作继电器和延时动作继电器。电磁式继电器有直流和交流之分，它们的重要结构和工作原理与接触器基本相同，它们各自又可分为电流、电压、中间、时间继电器等。下面介绍几种常用的继电器。

一、中间继电器

中间继电器是将一个输入信号变成一个或多个输出信号的继电器。它的输入信号为线圈的通电和断电，它的输出信号是触头的动作。不同动作状态的触头分别将信号传给几个元件或回路。

（一）中间继电器的基本结构及原理

中间继电器的基本结构及工作原理与接触器基本相同，故称为接触器式继电器，所不同的是中间继电器的触头对数较多，并且没有主、辅之分，各对触头允许通过的电流大小是相同的。

常用的交流中间继电器是JZ7系列中间继电器，其结构与小容量交流接触器类同。JZ7系列中间继电器采用立体布置，铁心和衔铁用E型硅钢片叠装而成，线圈置于铁心中柱，组成双E动式电磁系统。触头采用桥式双断点结构，上、下两层各有4对触头，下层触头只能是常开的，故触头系统可按8常开，6常开、2常闭及4常开、4常闭组合。

中间继电器的主要用途有两个：一是当电压或电流继电器触头容量不够时，可借助中间继电器来控制，用中间继电器作为执行元件，这时中间继电器可被看成一级放大器；二是当其他继电器或接触器触头数量不够时，可利用中间继电器来切换多条电路。

（二）中间继电器的选择

中间继电器的选择主要依据被控制电路的电压等级，所需触头的数量、种类、容量等要求。

二、热继电器

热继电器是利用电流的热效应对电动机或其他用电设备进行过载保护的控制电

器，热继电器主要用于电动机的过载保护、断相保护、电流不平衡运行的保护及其他电气设备发热状态的控制。

热继电器的形式有多种，其中双金属片式应用的多按极数划分，热继电器可分为单极、两极和三极三种。按复位方式分，有自动复位式和手动复位式。

目前我国在生产中常用的热继电器有JR16、JR20等系列以及引进的T系列、3UA等系列产品，均为双金属片式。

（一）热继电器的结构

JR16系列热继电器主要由热元件、双金属片、触头组成。双金属片是它的测量元件，它是由两种具有不同膨胀系数的金属通过机械碾压而制成，线膨胀系数大的称为主动层，小的称为被动层。加热双金属片的方式有三种：双金属片直接加热、热元件间接加热、复合式加入电流互感器加热。

（二）热继电器的工作原理

热继电溶的热元件串接在电动机定子绕组中，电动机绕组电流即流过热元件的电流。当电动机正常运行时，热元件产生的热量虽能使双金属片弯曲，但还不足以使继电器动作，当电动机过载时，热元件产生的热量增大，使双金属片弯曲位移增大，经过一定时间后，双金属片弯曲到推动导板并通过补偿双金属片与推杆将触头分开，触头为热继电器串于接触器线圈回路的常闭触头，断开后使接触器失电，接触器的常升触头断开电动机的电源以保护电动机。调节旋钮是一个偏心轮，它与支撑件构成一个杠杆，转动偏心轮，改变它的半径即可改变补偿双金属片与导板接触的距离，因而达到调节整定动作电流的目的。此外，靠调节复位螺钉来改变常开触头的位置使热继电器在手动复位和自动复位两种工作状态间转换。手动复位时，在故障排除后要按下按钮才能使触头恢复与静触头相接触的位置。

热继电器采用发热元件，其反时限动作特性能比较准确地模拟电机的发热与电动机温升，确保了电动机的安全。值得一提的是，由于热继电器具有热惯性，不能瞬时动作，故不能用作短路保护。

（三）热继电器的主要技术参数

1. 热继电流的额定电流

它是指热继电器中，可以安装的热元件的最大整定电流值。

2. 热元件的额定电流

它是指热元件的最大整定电流值。

3. 热继电器的整定电流

它是指热元件能够长期通过而不致引起热继电器动作的最大电流值。通常热继电器的整定电流是按电动机的额定电流整定的。对于某一热元件的热继电器，可手动调节整定电流旋钮，通过偏心轮机构，调整双金属片与导板的距离，能在一定范围内调整其电流的整定值。

（四）热继电器的选用

热继电器选用是否得当，直接影响着对电动机进行过载保护的可靠性。通常选用时应按电动机型号、工作环境、启动情况及负载情况等加以综合考虑。

①原则上热继电器的额定电流等级一般略大于电动机的额定电流。热继电器选定后，再根据电动机的额定电流调整热继电器的整定电流，使整定电流与电动机的额定电流相等。

②一般情况下可选用两相结构的热继电器。对于电网电压均衡性较差，无人看管的电动机或大容量电动机、共用一组熔断器的电动机，宜选用三相结构的热继电器。

③双金属片式热继电器一般用于轻载、不频繁启动电动机的过载保护。

（五）热继电器的正确使用及维护

①热继电器的额定电流等级不多，但其发热元件编号很多，每一种编号都有一定的电流整定范围。在使用时应使发热元件的电流整定范围中间值与保护电动机的额定电流值相等，再根据电动机运行情况通过调节旋钮调节整定值。

②对于重要设备，一旦热继电器动作后，必须待故障排除后方可重新启动电动机，应采用手动复位方式；若电气控制柜距操作地点较远，且从工艺上又易于看清过载情况，则可采用自动复位方式。

③热继电器和被保护电动机的周围介质温度尽量相同，否则会破坏已调整好的配合情况。

④热继电器必须按照产品说明书中规定的方式安装，当与其他电器装在一起时，应将热继电器置于其他电器下方，以免其动作特性受其他电器发热的影响。

⑤使用中应定期去除尘埃和污垢，并定期进行通电校验其动作特性。

（六）热继电器的常见故障及其排除方法

热继电器的常见故障及其排除方法见表1-8。

表1-8 热继电器的常见故障及其排除方法

常见故障	可能原因	排除方法
热继电器误动作	①电流整定值偏小 ②电动机启动时间太长 ③操作频率过高 ④连接导线太细	①调整整定值 ②按电动机启动时间要求选择合适的继电器 ③减少操作频率或更换热继电器 ④选择合适的标准导线
热继电器不动作	①电流整定值偏大 ②热元件烧断或脱焊 ③动作机构卡住 ④进出线脱头	①调整电流值 ②更换热元件 ③检修动作机构 ④重新焊好
热元件烧断	①负载短路 ②操作频率过高	①排除故障,更换热元件 ②减少操作频率,更换热元件或热继电器
热继电器的主电路不通	①热元件烧断 ②热继电器的接线螺钉未拧紧	①更换热元件或热继电器 ②拧紧螺钉
热继电器的控制电路不通	①调整旋钮或调整螺钉转到不合适位置 ②触头烧坏或动触头杆的弹性消失	①重新调整到合适位置 ②修理或更换新的触头或动触头杆

三、时间继电器

继电器感受部分在感受外界信号后,经过一段时间才能使执行部分动作的继电器叫作时间继电器,即吸引线圈通电或断电以后,其触头经过一定延时以后再动作,以控制电路的接通或分断。

时间继电器的种类很多,主要有直流电磁式、空气阻尼式、电动式、电子式等几大类,延时方式有通电延时和断电延时两种。

(一)空气阻尼式时间继电器的结构及工作原理

空气阻尼式时间继电器又称气囊式时间继电器,是利用气囊中的空气通过小孔节流的原理来获得延时动作的。根据触头延时的特点,可分为通电延时动作型和断电延时复位型两种。常见的型号有JS7-A系列。

JS7-A系列时间继电器主要由电磁系统、触头系统、空气室、传动机构和基座组成。这种继电器有通电延时与断电延时两种类型。

当通电延时型时间继电器电磁铁线圈通电后,将衔铁吸下,于是顶杆与衔铁间出现一个空隙,当与顶杆相连的活塞在弹簧的作用下由上向下移动时,在橡皮膜上面形成空气稀薄的空间(气室),空气由进气孔逐渐进入气室,活塞因受到空气的阻力,不能退速下降,由此形成延时效果,在降到一定位置时,杠杆使触头动作(常开触点闭合,常闭触点断开)。当线圈断电时,弹簧使衔铁和活塞等复位,空气经橡皮膜与顶杆之间推开的气隙迅速排出,触点瞬时复位。JS7-A 系列空气阻尼式时间继电器延时时间有 0.4~180 s 和 0.4~60 s 两种规格。

如果将通电延时型时间继电器的电磁机构翻转 180° 安装即成为断电延时型时间继电器。

空气阻尼式时间继电器延时范围大,结构简单,寿命长,价格低但延时误差大,难以精确地整定延时,且延时值易受周围环境温度、尘埃等的影响。因此,对延时精度要求较高的场合不宜采用空气阻尼式时间继电器,应采用晶体管时间继电器。

(二)空气阻尼式时间继电器的主要技术参数

JS7-A 型空气阻尼式时间继电器技术数据见表 1-9。

表 1-9 JS7-A 型空气阻尼式时间继电器技术数据

型号	触点额定容量 电压/V	触点额定容量 电流/A	延时触点对数 线圈通电延时 常开	延时触点对数 线圈通电延时 常闭	延时触点对数 断电延时 常开	延时触点对数 断电延时 常闭	瞬时动作触点数量 常开	瞬时动作触点数量 常闭	线圈电压/V	延时范围/S
JS7-1A	380	5	1	1					交流36、127、220、380	0.4~60 及 0.4~80
JS7-2A	380	5	1	1			1	1	交流36、127、220、380	0.4~60 及 0.4~80
JS7-3A	380	5			1	1			交流36、127、220、380	0.4~60 及 0.4~80
JS7-4A	380	5			1	1	1	1	交流36、127、220、380	0.4~60 及 0.4~80

(三)空气阻尼式时间继电器的常见故障及其排除方法

空气阻尼式时间继电器的常见故障及其排除方法见 1-10。

表 1-10 空气阻尼式时间继电器的常见故障及其排除方法

故障现象	产生原因	修理方法
延时触头不动作	①电磁铁线圈断线 ②电源电压低于线圈额定电压很多	①更换线圈 ②更换线圈或调高电源电压

续表

故障现象	产生原因	修理方法
延时时间缩短	①空气阻尼式时间继电器的气室装配不严，漏气 ②空气阻尼式时间继电器的气室内橡皮薄膜损坏	①修理或调换气室 ②调换橡皮薄膜
延时时间变长	空气阻尼式时间继电器的气室内有灰尘，使气道阻塞	清除气室内灰尘，使气道畅通

（四）直流电磁式时间继电器

直流电磁式时间继电器是用阻尼的方法来延缓磁通变化的速度，以达到延时。其结构简单，运行可靠，寿命长，允许通电次数多等。但它仅适用于直流电路，延时时间较短。一般通电延时时间仅为 0.1~0.5s，而断电延时时间可达 0.2~10s。因此，直流电磁式时间继电器主要用于断电延时。

（五）电动机式时间继电器

它由同步电动机、减速齿轮机构、电磁离合系统及执行机构组成，电动机式时间继电器延时时间长，可达数十小时，延时精度高，但结构复杂，体积较大，常用的有 JS10、JS11 系列和 7PR 系列。

（六）电子式时间继电器

早期产品多是阻容式，近期开发的产品多为数字式，又称计数式，其结构是由脉冲发生器、计数器、数字显示器、放大器及执行机构组成，具有延时时间长、调节方便、精度高的优点，有的还带数字显示，应用很广，可取代阻容式、空气式、电动机式等时间继电器，该类时间继电器只有通电延时型，延时触头均为延时闭合触头，没有延时断开触头，无瞬时动作触头。

（七）时间继电器的选择

①时间继电器延时方式有通电延时型和断电延时型两种，因此选用时应确定采用哪种延时方式更方便组成控制线路。

②凡对延时精度要求不高的场合，一般宜采用价格较低的电磁阻尼式（电磁式）或空气阻尼式（气囊式）时间继电器；若对延时精度要求很高，则宜采用电动机式或晶体管式时间继电器。

③应注意电源参数变化的影响。如在电源电压波动大的场合,采用空气阻尼式或电动式比采用晶体管式好;而在电源频率波动大的场合,则不宜采用电动机式时间继电器。

④应注意环境温度变化的影响,通常在环境温度变化较大处,不宜采用空气阻尼式和晶体管式时间继电器。

⑤对操作频率也要加以注意。因为操作频率过高不仅会影响电气寿命,而且还可能导致延时误动作。

四、速度继电器

速度继电器是反映转速和转向的继电容,其主要作用是以旋转速度的快慢为指令信号,与接触器配合实现对电动机的反接制动控制,故又称为反接制动继电器。

(一)速度继电器结构和工作原理

它主要由定子、转子、可动支架、触头系统及端盖等部分组成。转子由永久磁铁制成,固定在转轴上;定子硅钢片叠成并装有笼型短路绕组,能做小范围的偏转;触头系统由两组转换触头组成,一组在转子正转时动作,另一组在转子反转时动作。

当电动机旋转时,带动与电动机同轴相连的速度继电器的转子旋转,相当于在空间中产生旋转磁场;从而在定子笼型短路绕组中产生感应电流,感应电流与永久磁铁的旋转磁场相互作用,产生电磁转矩,使定子向永久磁铁转动的方向偏转,与定子相连的胶木摆杆也随之偏转。当定子偏转到一定角度,胶木摆杆推动簧片,使继电器的触头动作。

当转子转速减小到零时,由于定子的电磁转速减小,胶木摆杆恢复原状态,触头随即复位。

速度继电器的动作转速一般低于 100 ~ 300r/min,复位速度在 100 r/min 以下。常用的速度继电器中,JY1 型能在 3000 r/min 以下可靠地运作,JFZ0 型的两组触头改用两个微动开关,使其触头的动作速度不受定子偏转速度的影响。

(二)速度继电器的常见故障及处理方法

速度继电器的常见故障及处理方法见表 1-11。

表 1-11 速度继电器的常见故障及处理方法

故障现象	可能的原因	处理方法
反节制动时速度继电器失效，电动机不制动	①胶木摆杆断裂 ②触头接触不良 ③弹性动触片断裂或失去弹性 ④笼型绕组开路	①更换胶木摆杆 ②清洗触头表面油污 ③更换弹性动触片 ④更换笼型绕组
电动机不能正常制动	速度继电器弹性动触片调整不当	重新调节螺钉： ①将调节螺钉向下旋，弹性动触片弹性增大，速度较高时继电器才能动作 ②将调节螺钉向上旋，弹性动触片弹性减小，速度较低时继电器即动作

五、电压继电器

电压继电器是根据电压信号工作的，根据线圈电压的大小来决定触点动作。电压继电器的线圈的匝数多而线径细，使用时其线圈与负载并联。按线圈电压的种类可分为交流电压继电器和直流电压继电器；按动作电压的大小又可分为过电压继电器和欠电压继电器。

对于过电压继电器，当线圈电压为额定值时，衔铁不产生吸合动作。只有当线圈电压高出额定电压某一值时衔铁才会产生吸合动作，所以称为过电压继电器。交流过电压继电器在电路中起过压保护作用而直流电路中一般不会出现波动较大的过电压现象，因此，在产品中没有直流过电压继电器。

对于欠电压继电器，当线圈电压达到或大于线圈额定值时，衔铁产生吸合动作。当线圈电压低于线圈额定电压时，衔铁立即释放，所以称为欠电压继电器。欠电压继电器有交流欠电压继电器和直流欠电压继电器之分，在电路中起欠压保护作用。

六、电流继电器

电流继电器是根据电流信号工作的，根据线圈电流的大小来决定触点动作。电流继电器的线圈的匝数少而线径粗，使用时其线圈与负载串联。按线圈电流的种类可分为交流电流继电器和直流电流继电器；按动作电流的大小又可分为过电流继电器和欠电流继电器。

对于过电流继电器，工作时负载电流流过线圈，一般选取线圈额定电流（整定电流）等于最大负载电流。当负载电流不超过整定值时，衔铁不产生吸合动作。当负载电流高出整定电流时，衔铁产生吸合动作，所以称为过电流继电器。过电流继电器在电路中起过流保护作用，特别是对于冲击性过流具有很好的保护效果。

对于欠电流继电器，当线圈电流达到或大于动作电流值时，衔铁产生吸合动作。当线圈电流低于动作电流值时，衔铁立即释放，所以称为欠电流继电器。在正常工作时，由于负载电流大于线圈动作电流，衔铁处于吸合状态。当电路的负载电流降至线圈释放电流值以下时，衔铁释放。欠电流继电器在电路中起欠电流保护作用。在交流电路中需要欠电流保护的情况比较少见，所以产品中没有交流欠电流继电器。而在某些直流电路中，欠电流会产生严重的不良后果，如运行中的直流他励电机的励磁电流，因此有直流欠电流继电器。

七、固态继电器

固态继电器是一种全电子电路组合的元件，它依靠半导体器件和电子元件的电磁和光特性来完成隔离和继电切换功能。固态继电器与传统的电磁继电器相比，是一种没有机械，不含运动零部件的继电器，但具有与电磁继电器本质上相同的功能。

（一）固态继电器的分类

按工作性质分有交流输入—交流输出型、直流输入—直流输出型、直流输入—交流输出型、交流输入—直流输出型。

按安装方式有装置式（面板安装）和线路板安装型。

按元件分有普通型和增强型。

（二）固态继电器的优缺点

优点：多数产品具有零电压导通，零电流关断，与逻辑电路兼容，切换速度快，无噪声，耐腐蚀，抗干扰，寿命长，体积小，能以微小的控制信号直接驱动大电流负载等。

缺点：存在通态压降，需要有散热措施，有输出漏电流，交、直流不能通用，触点组数少，成本高。

（三）固态继电器应用领域

由于固态继电器的内在特点，问世以来已进入电磁继电器的大多数领域，在少数领域已完全取而代之，特别是在计算机自动控制领域，由于固态继电器的所需驱动功率较低，直接和逻辑电路兼容，不必加中间缓冲器即可直接驱动，目前固态继电器已被广泛应用于工业自动化控制，如电炉加热系统、数控机械、遥控机械、电机、电磁阀以及信号灯、闪烁器、舞台灯光控制系统、医疗器械、复印机、洗衣机、消防保安系统等。

第五节　主令电器

一、控制按钮

按钮开关是一种手动操作接通或分断小电流控制电路的主令电器。一般情况下它不直接控制主电路的通断，主要是利用按钮开关远距离发出手动指令或信号去控制接触器、继电器等电磁装置，实现主电路的分合、功能转换或电气联锁。

（一）按钮开关的结构

按钮开关的结构一般都是由按钮帽、复位弹簧、桥式动触头、外壳及连杆支柱等组成。按钮开关按静态时触头分合状况，可分为常开按钮（启动按钮）、常闭按钮（停止按钮）及复合按钮（常开、常闭组合为一体的按钮）。

另外，根据不同需要，可将单个按钮元件组成双联按钮、三联按钮或多联按钮，用于电动机的启动、停止及正转、反转、制动的控制。有的也可将若干按钮集中。不同的颜色和符号标志是用来区分功能及作用的，便于操作人员识别，避免误操作。

按钮帽操动部分除常见的直上、直下的操动形式外，还有旋钮、自锁钮、钥匙钮等。旋钮分两位置、三位置、自复式三种。

（二）按钮的技术数据、按钮颜色代表的意义和常用中英文按钮标牌名称对照

按钮的技术数据见表1-12。

表 1-12 按钮的技术数据

型号	电压（V）	电流（A）	结构型式	触头对数 动合	触头对数 动断	钮数	按钮颜色
LA10-1	交流500	5	开启式保护式	1	1	1	黑、绿、红
LA10-1				1	1	1	黑、绿、红
KLA10-2				2	2	2	黑、红或绿、红
KLA10-3				3	3	3	黑、绿、红
KLA10-1				1	1	1	
HLA10-2				2	2	2	黑、红或绿、红
HLA10-3				3	3	3	黑、绿、红
HLA10-1				1	1	1	
SLA10-2			防水式	2	2	2	黑、红或绿、红
SLA10-3				3	3	3	黑、绿、红
SLA10-2F			防腐式	2	2	2	黑、红或绿、红
LA18-22	交流400			2	2	1	红、绿、黑、白
LA18-44				4	4	1	
LA18-66				6	6	1	
LA18-22J			紧急式钥匙式	2	2	1	红
LA18-44J				4	4	1	
LA18-66J				6	6	1	
LA18-22Y				2	2	1	红
LA18-44Y				4	4	1	
LA18-66Y				6	6	1	
LA18-22x2			旋钮二位置	2	2	1	黑
LA18-22x3			旋钮二位置	2	2	1	

按钮颜色代表的意义见表 1-13。

表 1-13 按钮颜色代表的意义

颜色	代表意义	典型用途
红	停车、开断	一台或多台电动机的停车机器设备的一部分停止，导致运行磁力吸盘或电磁铁的断电，停止周期性的运行
	紧急停车	紧急开断，防止危险性过热开断

续表

颜色	代表意义	典型用途
绿或黑	启动、工作、点动	控制励磁辅助功能的一台或多台电动机开始启动，机器设备的一部分启动，励磁吸盘装置或电磁铁点动或缓行
黄	返回的启动、移动出界、正常工作循环或移动	在机械已完成一个循环的始点时，机械元件返回；取消预置的功能
白或蓝	以上颜色所未包括的特殊功能	与工作循环无直接关系的其他辅助功能，如控制保护继电器的复位

常用中英文按钮标牌名称对照见表1-14。

表1-14 常用中英文按钮标牌名称对照

序号	标牌名称 英文	标牌名称 中文	序号	标牌名称 英文	标牌名称 中文
1	ON	通	14	RESET	复位
2	OFF	断	15	UP	上升
3	START	启动	16	DOWN	下降
4	STOP	停止	17	OPEN	开
5	INCH	点动	18	CLOSE	关
6	RUN	运转	19	LEFT	左
7	FORWARD	正转（向前）	20	RIGHT	右
8	REVERSE	反转（向后）	21	HIGH	高
9	FAST	高速	22	LOW	低
10	SECOND	中速	23	TEST	试验
11	SLOW	低速	24	JOG	微动
12	HAND	手动	25	ACKNOWLEDGE	受信
13	AUTO	自动	26	EMERGENCY STOP	紧停

（三）按钮的选择

①根据用途，选用合适的型式。
②按工作状态指示和工作情况的要求，选择按钮和指示灯的颜色。
③按控制回路的需要，确定钮数。

（四）使用及维护

①由于按钮的触头间距较小，如有油污等极易发生短路事故，故使用时应经常保持触头间的清洁。

②按钮用于高温场合，易使塑料变形老化，导致按钮松动，引起接线螺钉间相碰短路，可视情况在安装时多加一个紧固圈，两个接紧使用；也可在接线螺钉处加套绝缘塑料管来防止。

③带指示灯的按钮由于灯泡要发热，时间长时易使塑料灯罩变形造成调换灯泡的困难，故不宜用在通电时间较长之处；如欲使用，可适当降低灯泡电压，延长使用寿命。

（五）按钮的常见故障分析

①按下启动按钮时有触电感觉。故障的原因一般是按钮的防护金质外壳与连接导线接触或按钮帽的缝隙间充满铁屑，使其与导电部分形成通路。

②停止按钮失灵，不能断开电路。故障的原因一般有接线错误、线头松动或搭接在一起、铁屑过多或油污使停止按钮的两动断触头形成短路、胶木烧焦短路。

③按下停止按钮，再按启动按钮，被控电器不动作。故障的原因一般为被控电器有故障、停止按钮的复位弹簧损坏或按钮接触不良。

二、行程开关

行程开关是一种将机械信号转换为电信号，以控制运动部件的位置和行程的自动控制电器。行程开关的种类很多，以运动形式分，有直动式和转动式；以触点性质分，有接触点和无触点的。

（一）结构及原理

各种行程开关的基本结构大体相同，都是由触头系统、操作机构和外壳组成。

当运动部件的挡铁碰压行程开关的滚轮时，杠杆连同转轴一起转动，使凸轮推动撞块，当撞块被压到一定位置时，推动微动开关时快速动作，使其闭触头断开，常开触头闭合。

行程开关按其触头动作方式可分为蠕动型和瞬动型，两种类型的触头动作速度不同。JLXK1-111型行程开关分合速度取决于生产机械挡块触动操作头的移动速度，其缺点是当移动速度较低时，触头分合太慢易受电弧烧灼，从而减少触头的使用寿命。

为了行程开关触头在生产机械缓慢运动时仍能快速分合，故将触头动作设计成跳跃式瞬动结构，这样不但可以保证动作的可靠性及行程控制的位置精度，同时还可减少电弧对触头的灼伤。

（二）行程开关的选择

①根据应用场合及控制对象选择是一般用途开关还是起重设备用行程开关。
②根据安装环境选择防护形式，是开启式还是防护式。
③根据控制回路的电压和电流选择采用何种系列的行程开关。
④根据机械与行程开关的传动力与位移关系选择合适的头部结构形式。

（三）使用及维护

①行程开关安装时位置要准确，否则不能达到行程控制和限位控制的目的。
②应定期清扫行程开关，以免触点接触不良而达不到行程控制和限位控制目的。

（四）行程开关的常见故障分析

1. 挡铁碰撞行程开关触头不动作

故障的原因一般为行程开关的安装位置不对，离挡铁太远；触头接触不良或连接松脱。

2. 行程开关复位但动断触头不能闭合

故障的原因一般为触头偏斜或动触头脱落、触杆被杂物卡住、弹簧弹力减退或被卡住。

3. 行程开关的杠杆已偏转但触头不动

故障的原因一般为行程开关的位置装得太低或触头由于机械卡阻而不动作。

三、接近开关

接近开关又称为无触点行程开关。当某种物体与之感应头接触到一定距离时就发出动作信号，它不像机械行程开关那样需要施加机械力，而是通过其感应头与被测物体间介质能量的变化来获取信号。接近开关的应用已远超出一般行程控制和限位保护的范畴，例如，用于高速记数、测速、液面控制，检测金属体的存在、零件尺寸以及无触点按钮等。即便用于一般行程控制，其定位精度、操作频率、使用寿命和对恶劣环境的适应能力也优于一般机械式行程开关。

接近开关按工作原理可以分为高频振荡型、电容型、霍尔型等几种类型。高频振荡型接近开关是以金属感应为原理，主要由高频振荡器、集成电路或晶体管放大电路和输出电路三部分组成。电容型接近开关主要由电容式振荡器及电子电路组成。它的电容位于传感器表面,当物体接近时,因改变了其耦合电容值,从而产生了振荡和停振使输出信号发生跳变。霍尔型接近开关由霍尔元件组成,是将磁信号转换为电信号输出,内部的磁敏元件仅对垂直于传感器端面的磁场敏感。当磁极 S 正对接近开关时,接近开关的输出产生正跳变,输出为高电平;若磁极 N 正对接近开关,输出产生负跳变,输出为低电平。

接近开关的工作电压有交流和直流两种,输出形式有两线、三线和四线三种;输出类型有 NPN、PNP 和推挽型三种;外形有方型、圆型、槽型和分离型等多种。接近开关的主要参数有动作行程、工作电压、动作频率、响应时间、输出形式以及触点容量等。

四、光电开关

光电开关是利用光电感应原理来实现开关动作的电器元件,是接近开关的又一种形式。它除克服了接触式行程开关存在的诸多不足外,还克服了接近开关的作用距离短、不能直接检测非金属材料等缺点。它具有体积小、功能多、寿命长、精度高、响应速度快、检测距离远以及抗电磁干扰能力强等优点。还可非接触、无损伤地检测和控制各种固体、液体、透明体、黑体、柔软体和烟雾等物质的状态和动作。目前,光电开关已被用作物位检测、液位检测、产品计数、尺寸判别、速度检测、定长控制、孔洞识别、信号延时、自动门控、色标检出以及安全防护等诸多领域。

光电开关按检测方式可分为对射式、反射式和镜面反射式三种类型。

第二章　电气控制线路基本环节和典型线路分析

第一节　电气控制系统图

电气控制线路图一般包括电气原理图（根据电路工作原理用规定的图形符号绘制的图形）、电气元件布置图和电气安装接线图（按电气元件的布置位置和实际接线，用规定的图形符号绘制的图形）。

一、电气控制系统图的绘制原则

（一）电气原理图

电气原理图包括了所有电气元件的导电部件和接线端子，表示电路的工作原理、各元件的作用和相互关系，是电气控制系统设计的核心。

绘制电气原理图时应遵循的主要原则如下。

①电气原理图分为主电路和控制电路。主电路是电路中从电源到电动机之间相连的电气元件部分，为粗实线，在图面左侧或上方，一般由组合开关、主熔断器、接触器主触头、热继电器的热元件和电动机等组成。控制电路是控制线路中除主电路以外的电路，流过的电流较小，为细实线，在图面右侧或下方。其功能布置按动作顺序从上到下、从左到右排列。

②采用电气元件展开图的画法。同一电气元件的不同部件（如线圈、触头）分散在不同位置时，要标注统一的文字符号。对于同类器件，需在文字符号后加数字序号来区别，如 KF1、KF2。

③所有电气元件触头均按"正常"状态画出。如继电器、接触器的触头表达状态为线圈未通电时；控制器为手柄处于零位时；按钮、行程开关等触头为未受外力作用时。

④少线条和免交叉原则。各导线间的"+"形连接点，以实心圆点表示。若图面布置需要，可以将图形符号逆时针方向旋转90°，一般文字符号不倒置。

⑤主电路标号由文字符号和数字标号组成。文字符号标明了主电路中元件或线路的主要特征,数字标号区别电路的不同线段。如 L1、L2、L3 标识三相交流电源引入线,U、V、W 标识电源开关之后的三相主电路。

⑥控制电路由三位或三位以下数字组成。交流控制电路的标号一般主要以压降元件为分界(如线圈),横排时,左侧奇数、右侧偶数;竖排时,上方奇数、下方偶数。直流控制电路中,电源正极奇数、负极偶数。

(二)电气元件布置图

电气元件布置图表示电气原理图中各元件的实际安装位置,按照实际情况分别绘制。元件轮廓线可用粗实线绘制,其绘制要遵循以下原则。

①控制柜或面板下方安放体积较大/重的元件,上方或后方安放发热元件。

②考虑安装间隙整齐、美观。需要经常维护、整定和检修的电气元件、操作开关、监视仪器仪表等应位置高低适宜,便于操作。

③强电、弱电分开走线,弱电应有屏蔽层,防止外界干扰。

④控制柜或面板内电气元件与板外元件通过端子排,按照电气原理图中的接线编号连接。

(三)电气安装接线图

电气安装接线图表示电气原理图中各元件的实际接线情况,通常需和原理图配合使用。其绘制遵循以下原则。

①各电气元件的位置应与实际安装位置一致,其文字符号与电气原理图中的标注一致,同一个电气元件的各部件需画在一起。

②同走向和同功能的多根导线可用单线或线束表示。画连接线时,应标明导线的规格、型号、颜色、根数和穿线管的尺寸。

二、电气控制系统常用保护措施

电气控制系统安全可靠运行必须有保护环节做保障。常用的保护环节有短路、过电流、过载、失电压、欠电压、过电压和弱磁保护等。这里主要介绍电动机常用的保护环节。

(一)短路保护

短路就是不同电位的导电部分之间的低阻性短接,相当于电源未经负载而直接由导线接通成闭合回路,如负载短路、接线错误和线路绝缘损坏等。短路产生的瞬时电流可达到额定电流的十几倍到几十倍,使电气设备或配电线路因过电流而损坏,甚至引起火灾。因此,短路保护要具有在极短时间内切断电源的瞬动特性。

常用方法有熔断器保护和低压断路器保护。低压断路器动作电流按电动机启动电流的 1.2 倍来整定,相应的低压断路器切断短路电流的触头容量应加大。

(二)过电流保护

过电流是指电动机或电气元件超过其额定电流(小于 6 倍)的运行状态。过电流时,若电流值在最大允许温升前复原,电气元件不会立刻被损坏。但过大的冲击负载,会使电动机因流过过大的冲击电流而损坏,机械的传动部件也会因过大的电磁转矩而损坏,因此要瞬时切断电源。

过电流保护常用过电流继电器与接触器配合来实现,将过电流继电器线圈串接在被保护电路中,当电路电流达到其整定值时,过电流继电器动作,其串接在电路中接触器线圈的常闭触头断开,接触器线圈断电释放,接触器主触头断开,切断电动机电源。这种过电流保护环节常用于直流电动机和三相笼型异步电动机的控制电路中。

(三)过载保护

对于电动机而言,过载是指运行电流大于其额定电流(1.5 倍以内)。负载的突然增加,缺相运行或电源电压降低等都会引起电动机过载。若电动机长期过载运行,其绕组的温升将超过允许值而使电动机的绝缘老化、损坏。

过载保护装置要求具有反时限特性,且不受电动机短时过载冲击电流或短路电流的影响而瞬时动作,因此通常用热继电器做过载保护。当 6 倍以上额定电流通过热继电器时,需经 5 s 后才动作。这样,在热继电器动作前,可能使热继电器的发热元件先烧坏。因此,在用热继电器做过载保护时,还必须安装熔断器或低压断路器做短路保护。由于过载保护特性与过电流保护不同,所以不能用过电流保护方法来进行过载保护。

(四)失电压保护

失电压保护是指一旦无电压(断电)或电压太低,设备就会停止运行的自动保护。对于电动机而言,当本路电压低于临界电压时保护电器才动作的称为失电压保护,其主要任务是防止电动机自启动,避免意外事故。

失电压保护常用按钮和接触器控制的启动、停止电路配合实现。当电源电压消失时,接触器就会自动释放并切断电动机电源。当电源电压恢复时,由于接触器自锁触头已断开,电动机就不会自行启动。若线路中使用了手动开关或行程开关来控制接触器，则必须采用专门的零电压继电器。工作过程中一旦失电，零压继电器释放，其自锁电路断开，避免了电源恢复时电动机的自行启动。

（五）欠电压保护

电动机在额定负载下，电压过低（欠电压），工作电流会大幅增加，故要加保护。

欠电压保护可以通过按钮和接触器控制的电路实现，也可采用欠电压继电器进行欠电压保护。将欠电压继电器线圈跨接在电源上，其常开触头串接在接触器线圈电路中，当电源电压低于释放值时，欠电压继电器动作使接触器释放，接触器主触头断开电动机电源，实现欠电压保护。

总之，电动机的三相电源通过交流接触器来控制，接触器线圈电压从主回路取得。启动按钮将接触器吸合后，通过接触器常开辅助触头进行自锁，在主回路电压过低或没有电压后，接触器线圈因吸合电压不足或没有电压，将导通到电动机的三相电源断开，实现对电动机的欠压和失压保护。

（六）过电压保护

过电压是指在工频下交流电压均方根值升高，超过额定值的10%，且持续时间大于1 min的长时间电压变动现象。过电压的出现通常是负荷投切的瞬间结果。正常使用时在感性或容性负载接通或断开情况下发生。就电气控制系统而言，电磁铁、电磁吸盘等大电感负载及直流电磁机构、直流继电器等，在通断时会产生较高的感应电动势，将电磁线圈绝缘部分击穿而损坏。

因此，必须采用过电压保护。通常是在线圈两端并联一个电阻，电阻串电容或二极管串电阻，以形成一个放电回路，实现过电压保护。

（七）弱磁保护

直流电动机运行时，磁场过度减小会引起电动机超速，需设置弱磁保护，通过在电动机励磁回路中串入欠电流继电器来实现。当励磁电流过小时，欠电流继电器释放，其触头断开控制电动机电枢回路的接触器线圈电路，接触器线圈断电释放，接触器主触头断开电动机电枢回路，切断电动机电源，起到保护作用。

（八）其他保护

除上述保护外，还有超速保护、行程保护和油压保护等，都是通过在控制电路中串接一个受这些参量控制的常开触头或常闭触头对控制电路的电源进行控制来实现的。

第二节 三相笼型异步电动机的基本控制

三相笼型异步电动机结构简单、价格便宜，应用于一般无特殊要求的机械设备，如农业机械、食品机械、风机、水泵、机床、搅拌机和空气压缩机等。其控制线路多由继电器、接触器和按钮等触头电器组成。基本控制线路有全压启动控制、正反转控制、点动控制、多点控制、顺序控制和自动循环等。

一、全压启动控制

如图 2-1 所示，三相笼型异步电动机的单向全压启动控制线路的主电路由电源开关 QA0、接触器 QA1 的主触头、热继电器 BB 的热元件和电动机 MA 构成。控制线路由热继电器 BB 的常闭触头、停止按钮 SF1、启动按钮 SF2、接触器 QA1 常开触头以及它的线圈组成。这是最基本的电动机控制线路。

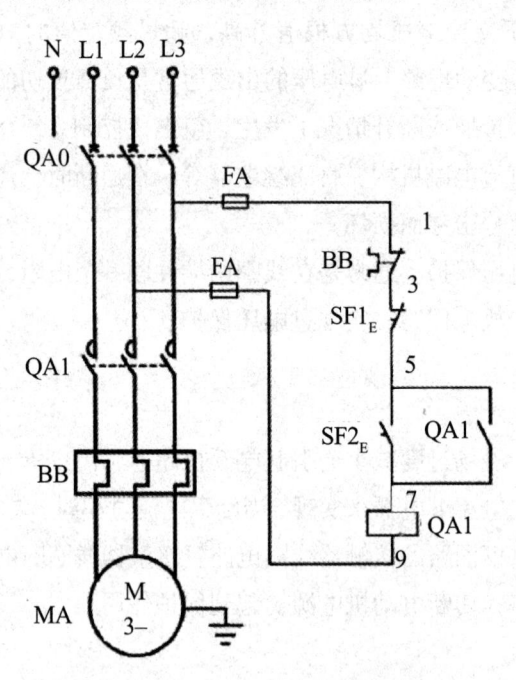

图 2-1 单向全压启动控制线路

（一）控制线路工作原理

线路工作过程如下：

闭合电源开关 QA0。

1. 启动

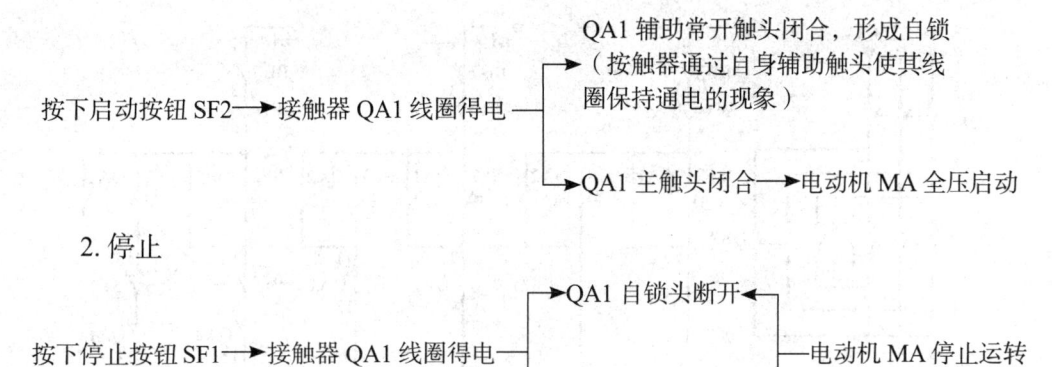

按下启动按钮 SF2 → 接触器 QA1 线圈得电 →
- QA1 辅助常开触头闭合，形成自锁（接触器通过自身辅助触头使其线圈保持通电的现象）
- QA1 主触头闭合 → 电动机 MA 全压启动

2. 停止

按下停止按钮 SF1 → 接触器 QA1 线圈得电 →
- QA1 自锁头断开 ←
- QA1 主触头断开 ←
— 电动机 MA 停止运转

（二）控制线路的保护环节

1. 短路保护

主电路由电源开关 QA0，控制线路由熔断器 FA 分别实现。

2. 过载保护

由热继电器 BB 实现。当电动机长期超载运行，串接在电动机定子电路中的发热元件使双金属片受热弯曲，使热继电器动作，常闭触头 BB 断开，接触器 QA1 线圈失电，其主触头 QA1 断开主电路，使电动机停止运转，实现过载保护。

3. 欠压和失压保护

当电源电压过分降低或电压消失时，接触器电磁吸力急剧下降或消失，衔铁释放，各触头复原，断开电动机电源，电动机会停止旋转。即便电源电压恢复，电动机也不会自行启动，从而避免发生事故。

在电路中，依靠接触器本身实现欠压和失压保护。当电源电压低到一定程度或失电时，接触器 QA1 的电磁吸力小于反力，电磁机构会释放，主触头断开主电源，电动机停转。这时若电源恢复，由于控制电路失去自锁，电动机不会自行启动。只有再次按下启动按钮 SF2，电动机才会重新启动。

以上三种保护是三相笼型异步电动机常用的保护环节，它对保证三相笼型异步电动机的安全运行非常重要。

二、正反转控制

各种生产机械常常要求具有上下、左右、前后等相反方向的运动，如说机床工作台的往复运动，就要求拖动电动机能可逆运行。由电动机原理可知，对调三相异步电动机三相电源中的任意两相，即可实现电动机反向运转。此外，通过接触器改变定子绕组相序来实现，其线路如图 2-2 所示。

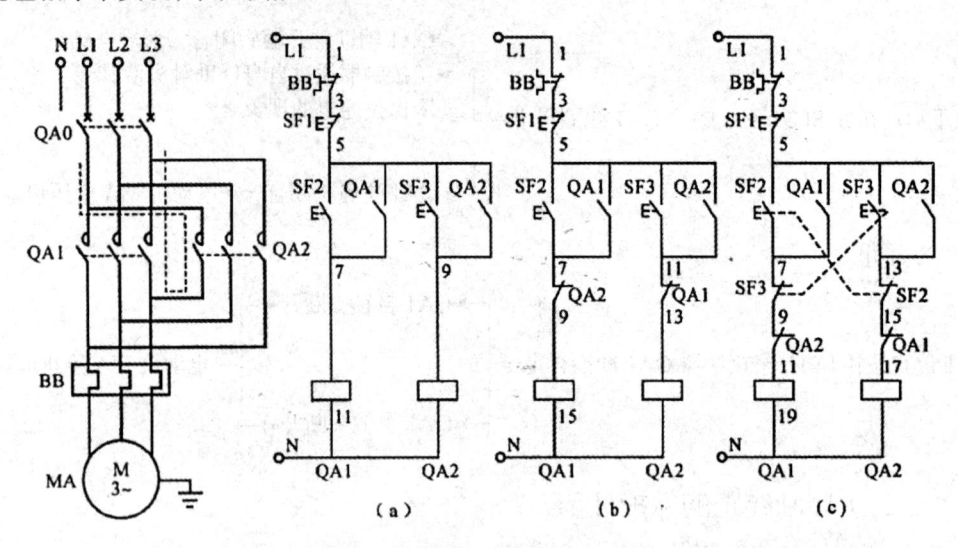

图 2-2 正反转工作的控制线路

（a）无互锁；（b）"正—停—反"控制；（c）"正—反—停"控制

图 2-2（c）线路工作过程如下：

闭合电源开关 QA0。

1. 正转

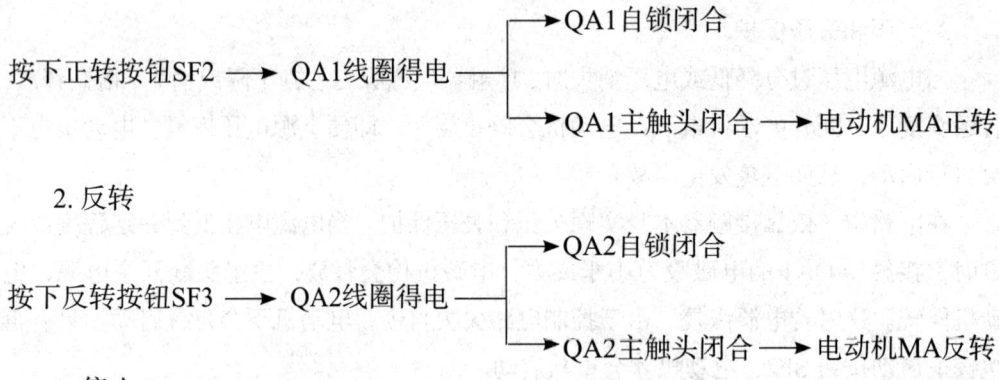

按下正转按钮SF2 ⟶ QA1线圈得电 ⟶ QA1自锁闭合
　　　　　　　　　　　　　　　　⟶ QA1主触头闭合 ⟶ 电动机MA正转

2. 反转

按下反转按钮SF3 ⟶ QA2线圈得电 ⟶ QA2自锁闭合
　　　　　　　　　　　　　　　　⟶ QA2主触头闭合 ⟶ 电动机MA反转

3. 停止

按下停止按钮SF1→QA1（QA2）线圈将断电，主触头释放→电动机MA断电停转。

当出现误操作，即同时按正，反向启动按钮 SF2 和 SF3 时，若采用图 2-2（a）所示无互锁线路，将造成短路故障。如图 2-2（b）所示，将正反转接触器的常闭触头串接在对方线圈电路中，形成了互相制约的控制关系，称为互锁。

图 2-2（b）所示的电路为"正—停—反"控制，若要实现反转运行，需先停止正转，再按反向启动按钮；之亦然。图 2-2（c）所示的电路为"正—反—停"控制，它是在图 2-2（b）基础上增设启动按钮的常闭触头做互锁，构成按钮双互锁的控制电路，

实现直接按反向按钮就能使电动机可以反向工作,该电路也可实现"正—停—反"控制。"正—反—停"控制线路常用于机床电力拖动系统。

三、点动控制

在生产实践中,生产机械连续不断的工作称为长动,而点动,就是按下按钮,电动机启动工作,松开按钮则停止工作,如机床刀架、横梁和立柱的快速移动,机床的调整对刀等应用。能实现点动的几种常见控制线路如图 2-3 所示。

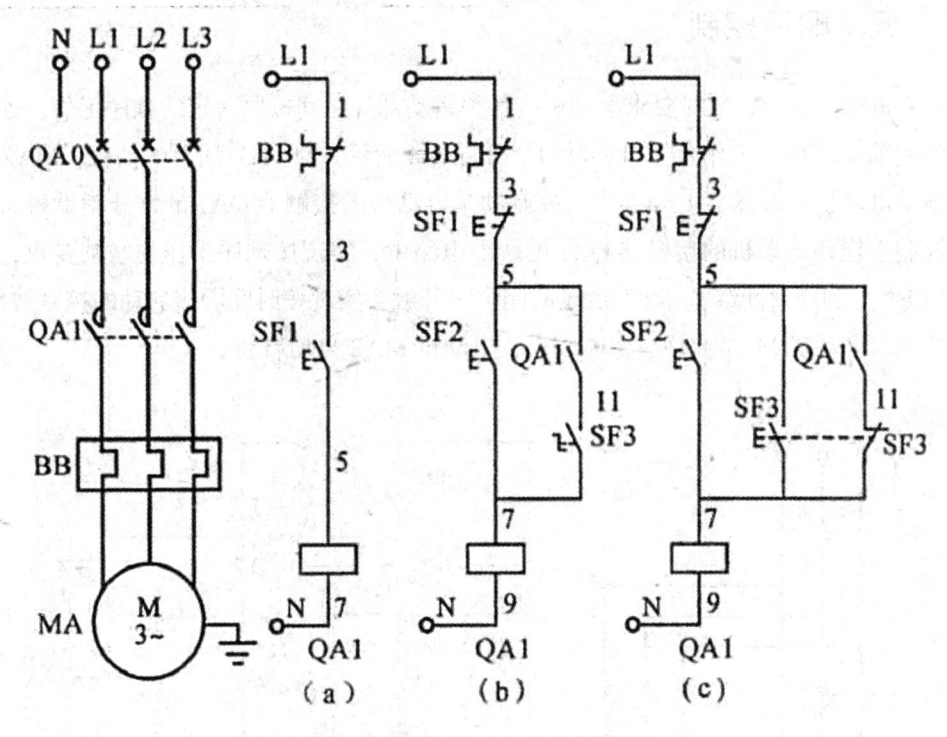

图 2-3 几种常见点动控制线路

线路工作过程如下:

闭合电源开关 QA0。

图 2-3(a)所示为基本点动控制线路。按下启动按钮 SF1,QA1 线圈通电(无自锁),电动机启动运行;松开 SF1,QA1 线圈电释放,电动机停止运转。

图 2-3(b)所示为带转换开关 SF3 的点动控制和连续运转皆可实现的线路。断开开关 SF3,由按钮 SF2 实现点动控制;闭合开头 SF3,接入 QA1 的自锁触点,实现连续控制。

图 2-3(c)中增加了一个复合按钮 SF3 来实现点动控制,利用 SF3 的常闭触点来断开自锁电路,实现点动控制;由启动按钮 SF2 实现连续控制。SF1 为连续运转的停止按钮。

四、多点控制

一些大型机床设备，为了操作方便，需要在多个地点控制。如重型龙门刨床，可以在固定的操作台上或在机床周围通过悬挂按钮盒控制。为实现两地控制，要求接通电路将启动按钮并联、断开电路将停止按钮串联，按钮分别安装在两个地方。该原则也适用于三地及以上的控制。

五、顺序控制

在机床控制中，有时要求电动机或各种运动部件之间按照一定的顺序工作。如铣床的主轴旋转后，工作台方可移动等。如图2-4所示，MA1为油泵电动机，MA2为主拖动电动机。在图2-4（a）中将控制油泵电动机的接触器QA1的常开辅助触头串入控制主拖动电动机的接触器QA2的线圈电路中，实现按顺序工作的联锁要求；图2-4（b）是利用时间继电器KF的延时闭合常开触头实现按时间顺序启动的控制线路，线路要求电动机MA1启动一定时间后，电动机MA2自动启动。

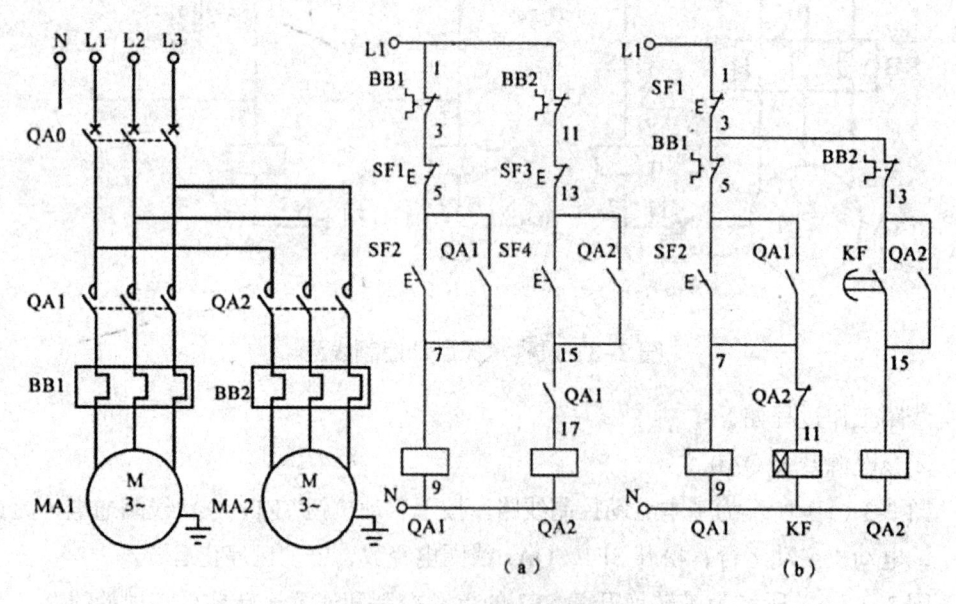

图2-4 顺序控制线路

（a）基于动作顺序；（b）基于时间顺序

线路工作过程如下：
闭合电源开关QA0。

1. 基于动作顺序

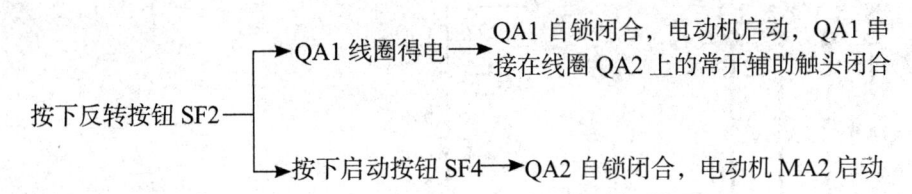

按下反转按钮 SF2 ─┬─▶ QA1 线圈得电 ─▶ QA1 自锁闭合，电动机启动，QA1 串接在线圈 QA2 上的常开辅助触头闭合
　　　　　　　　　└─▶ 按下启动按钮 SF4 ─▶ QA2 自锁闭合，电动机 MA2 启动

2. 基于时间顺序

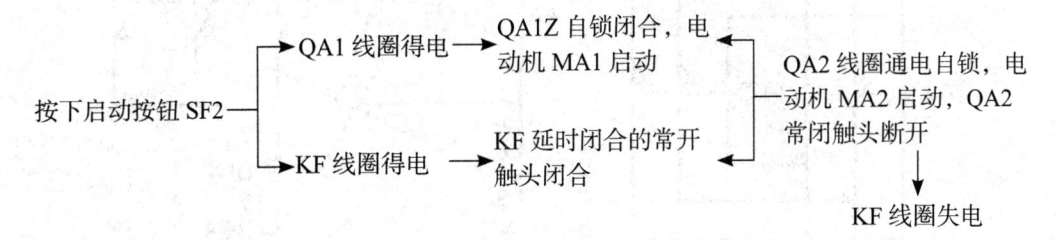

按下启动按钮 SF2 ─┬─▶ QA1 线圈得电 ─▶ QA1Z 自锁闭合，电动机 MA1 启动 ─▶ QA2 线圈通电自锁，电动机 MA2 启动，QA2 常闭触头断开 ─▶ KF 线圈失电
　　　　　　　　　└─▶ KF 线圈得电 ─▶ KF 延时闭合的常开触头闭合

六、自动循环控制

在生产机械中，有些部件的自动循环是通过电动机正反转实现的，如龙门刨床工作台的前进和后退。一般是通过限位开关（行程开关）实现电动机正反转自动往复循环，进而实现生产机械位置变化的控制，也称行程控制，如图 2-5 所示。

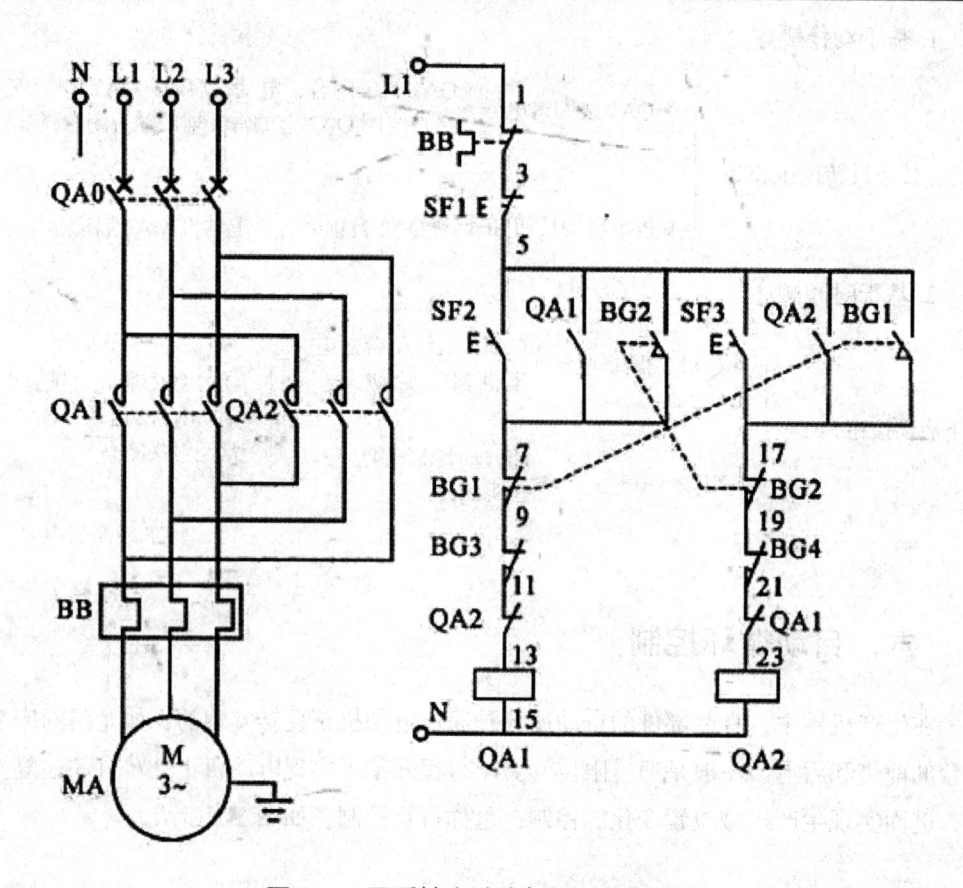

图 2-5　正反转自动往复循环控制线路

线路工作过程如下：

闭合电源开关 QA0。

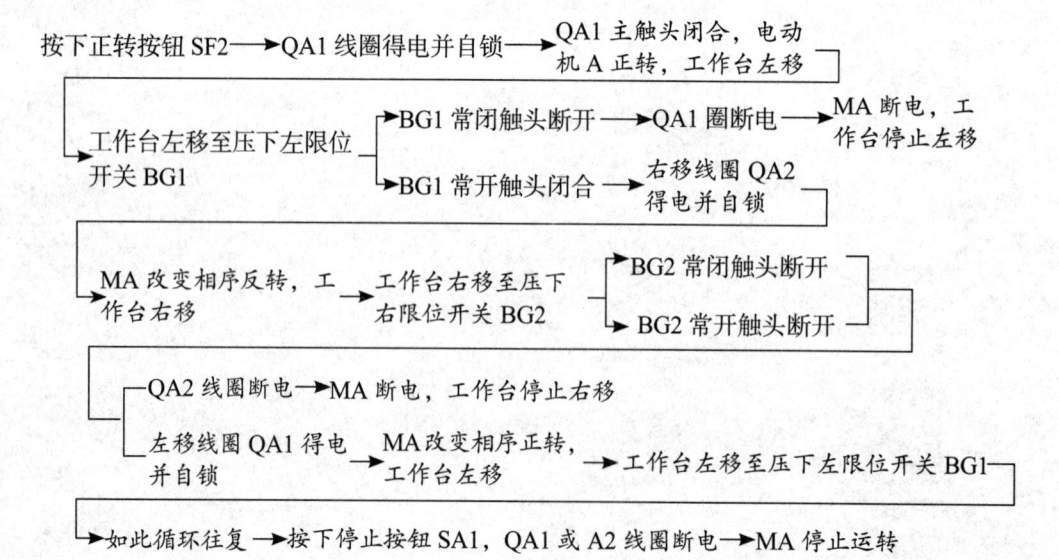

按下正转按钮 SF2 → QA1 线圈得电并自锁 → QA1 主触头闭合，电动机 A 正转，工作台左移

工作台左移至压下左限位开关 BG1
- BG1 常闭触头断开 → QA1 圈断电 → MA 断电，工作台停止左移
- BG1 常开触头闭合 → 右移线圈 QA2 得电并自锁

MA 改变相序反转，工作台右移 → 工作台右移至压下右限位开关 BG2
- BG2 常闭触头断开
- BG2 常开触头断开

QA2 线圈断电 → MA 断电，工作台停止右移

左移线圈 QA1 得电并自锁 → MA 改变相序正转，工作台左移 → 工作台左移至压下左限位开关 BG1

如此循环往复 → 按下停止按钮 SA1，QA1 或 A2 线圈断电 → MA 停止运转

第三节 三相笼型异步电动机降压启动控制

电动机是直接启动控制线路简单方便，但当大于 10 kW 的较大容量的笼型异步电动机直接启动时，由于启动电流大，电网电压波动大，需要采用降压方式来启动以限制启动电流。

降压启动是降低启动时加在电动机定子绕组上的电压，启动后再将该电压恢复到额定值运行，以减小启动电流对电网和电动机本身的冲击。适用于空载或轻载启动场合。

降压启动方式有星形-三角形（Y-△）、自耦变压器等。

一、星形-三角形（Y-△）降压启动控制

Y-△降压启动是指电动机启动时，将电动机定子绕组接成星形（Y），以降低启动电压，限制启动电流；待电动机启动后，再将定子绕组改接成三角形（△），使用电动机全压运行的方式。线路设计选用时间继电器控制。

线路工作过程如下：

合上电源开关 QA0。

①启动

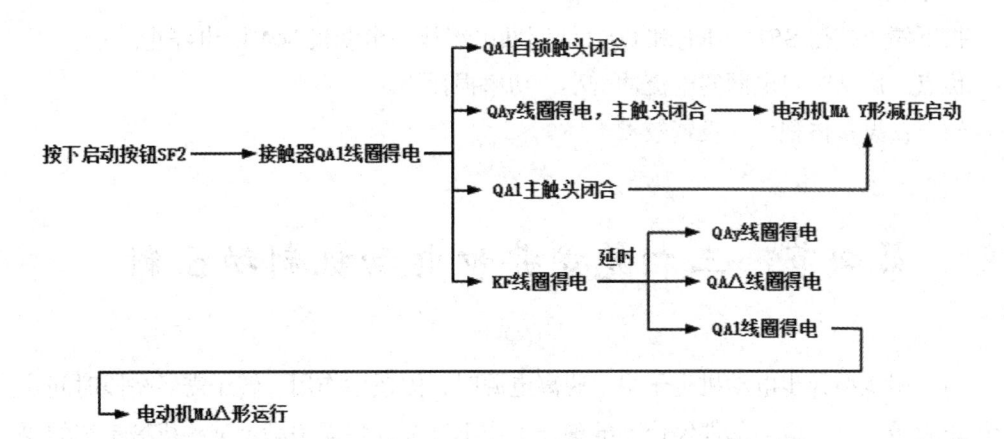

按下启动按钮SF2 ⟶ 接触器QA1线圈得电
- QA1自锁触头闭合
- QAy线圈得电，主触头闭合 ⟶ 电动机MA Y形减压启动
- QA1主触头闭合
- KF线圈得电 ⟶ 延时
  - QAy线圈得电
  - QA△线圈得电
  - QA1线圈得电
⟶ 电动机MA △形运行

②停止

按下停止按钮 SF1 → QM、QA△ 线圈断电释放→电动机 MA 断电停转。

优点：Y 形启动电流降为原来 △ 形接法直接启动时的 1/3，启动电流约为电动机

额定电流的 2 倍，启动电流特性好、结构简单、价格低。

缺点：启动转矩下降为原来 Δ 形接法直接启动时的 1/3，转矩特性差。

二、自耦变压器降压启动控制

自耦变压器降压启动是指电动机启动时利用自耦变压器来降低加在电动机定子绕组上的启动电压，待电动机启动后，再使电动机与自耦变压器脱离，从而在全压下正常运动。线路设计选用时间继电器控制。

线路工作过程如下：

闭合电源开关 QA0。

① 启动

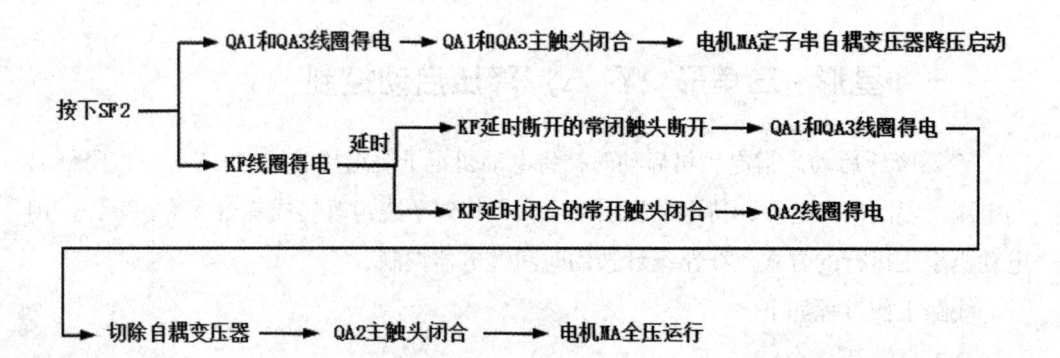

```
              ┌→ QA1和QA3线圈得电 → QA1和QA3主触头闭合 → 电机MA定子串自耦变压器降压启动
按下SF2 ──┤
              └→ KF线圈得电 ─ 延时 ─┬→ KF延时断开的常闭触头断开 → QA1和QA3线圈得电
                                      └→ KF延时闭合的常开触头闭合 → QA2线圈得电

         → 切除自耦变压器 → QA2主触头闭合 → 电机MA全压运行
```

② 停止

按下停止按钮 SF1 → KF 和 QA2 线圈断电释放 → 电动机 MA 断电停止。

优点：启动时对电网的电流冲击小，功率损耗小。

缺点：设备体积大，投资较贵。

第四节 三相笼型异步电动机制动控制

当三相笼型异步电动机定子绕组脱离电源时，因惯性作用，转子需经一段时间才能停止旋转，导致运动部件停位不准确，工作不安全，将无法满足某些机械工艺的要求，如X62W万能铣床、卧式镗床和组合机床等。因此要求对电动机进行有效制动控制。制动控制方法一般有两大类：机械制动和电气制动。机械制动是用机械装置来强迫电动机迅速停车；电气制动是使电动机停车时产生一个与转子原旋转方向相反的制动转矩以实现制动，常用方法有反接制动和能耗制动。

一、反接制动控制

反接制动是反接电动机电源相序，使电动机产生起阻滞作用的反转矩实现制动电动机。通常是在主回路中串接反接制动电阻 RA 来限制冲击电流；且使用速度继电器 BS 检测电动机速度，确保当转速趋于零迅速切断反相序电源杜绝电动机反转；结构上，速度继电器与电动机同轴连接，其常开触头串联在控制电路中。当电动机转动时，速度继电器常开触头闭合；电动机停止时，其常开触头断开。其控制线路有单向运行反接制动和可逆运行反接制动两种。

1. 电动机单向运行反接制动控制

带制动电阻的单向反接制动控制线路如图 2-6 所示，其中速度继电器 BS 在 120 ~ 3 000 r/min 范围内触头动作，当转速低于 100 r/min 时，触头复原。

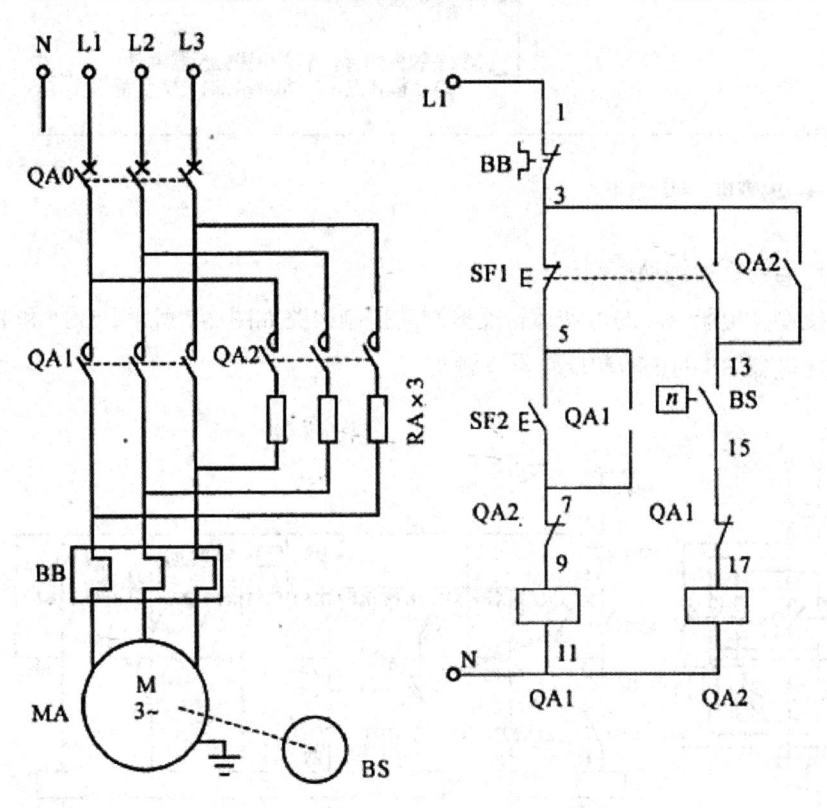

图 2-6 单向反接制动控制线路

线路工作过程如下：
闭合电源开关 QA0。

①启动

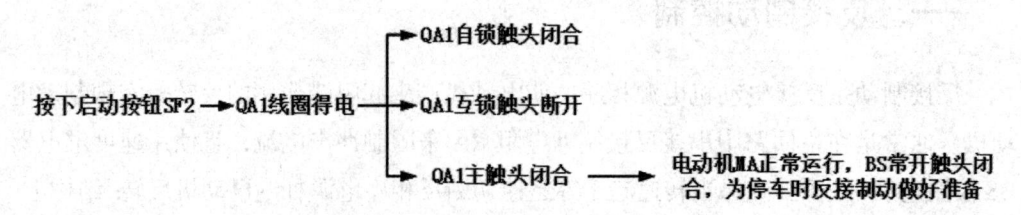

按下启动按钮SF2 → QA1线圈得电 → QA1自锁触头闭合
　　　　　　　　　　　　　　→ QA1互锁触头断开
　　　　　　　　　　　　　　→ QA1主触头闭合 → 电动机MA正常运行，BS常开触头闭合，为停车时反接制动做好准备

②制动停车

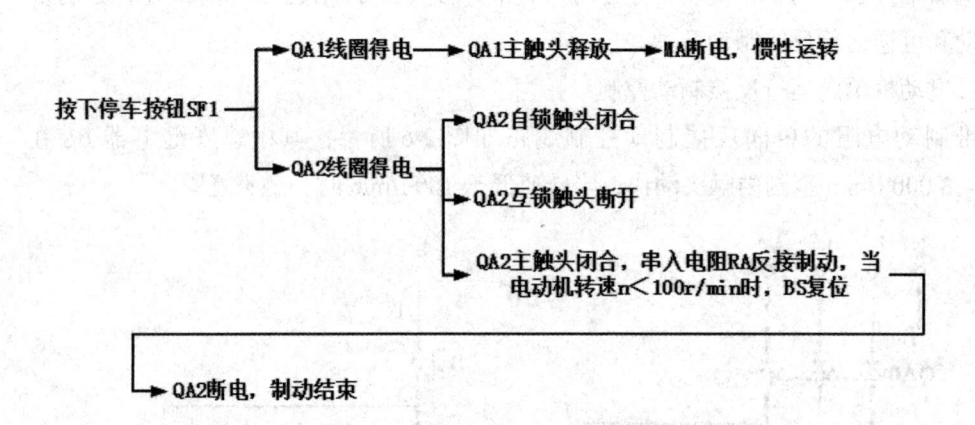

按下停车按钮SF1 → QA1线圈得电 → QA1主触头释放 → MA断电，惯性运转
　　　　　　　　→ QA2线圈得电 → QA2自锁触头闭合
　　　　　　　　　　　　　　 → QA2互锁触头断开
　　　　　　　　　　　　　　 → QA2主触头闭合，串入电阻RA反接制动，当电动机转速n<100r/min时，BS复位
→ QA2断电，制动结束

2. 可逆运行反接制动控制

带反接制动电阻 RA 的可逆运行反接制动控制线路如图 2-7 所示，BS1 和 BS2 分别为速度继电器 BS 的正转和反转常开触头。

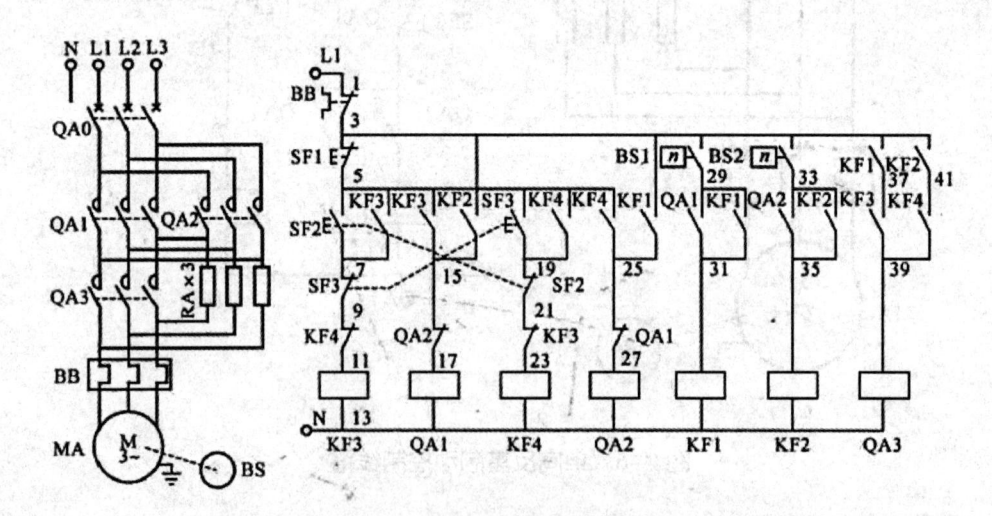

图 2-7 带反接制动电阻的可逆运行反接制动控制线路

线路工作过程如下：

闭合电源开关 QA0。

①正向降压启动

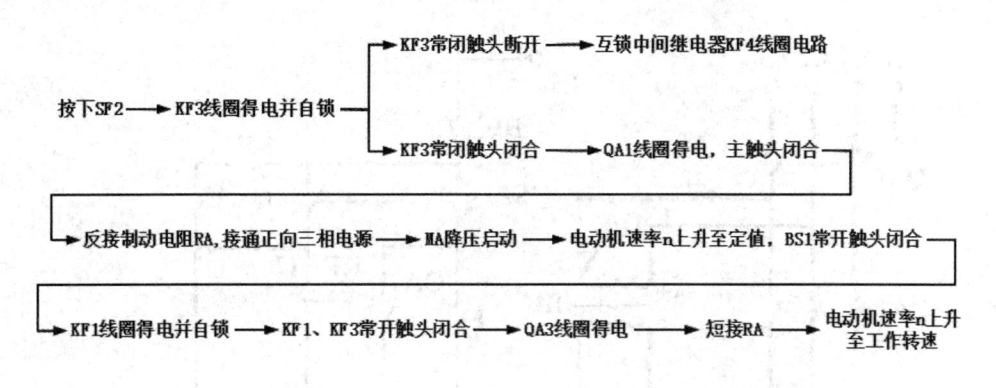

按下SF2 → KF3线圈得电并自锁
- → KF3常闭触头断开 → 互锁中间继电器KF4线圈电路
- → KF3常闭触头闭合 → QA1线圈得电，主触头闭合
 → 反接制动电阻RA，接通正向三相电源 → MA降压启动 → 电动机速率n上升至定值, BS1常开触头闭合
 → KF1线圈得电并自锁 → KF1、KF3常开触头闭合 → QA3线圈得电 → 短接RA → 电动机速率n上升至工作转速

②反接制动停车

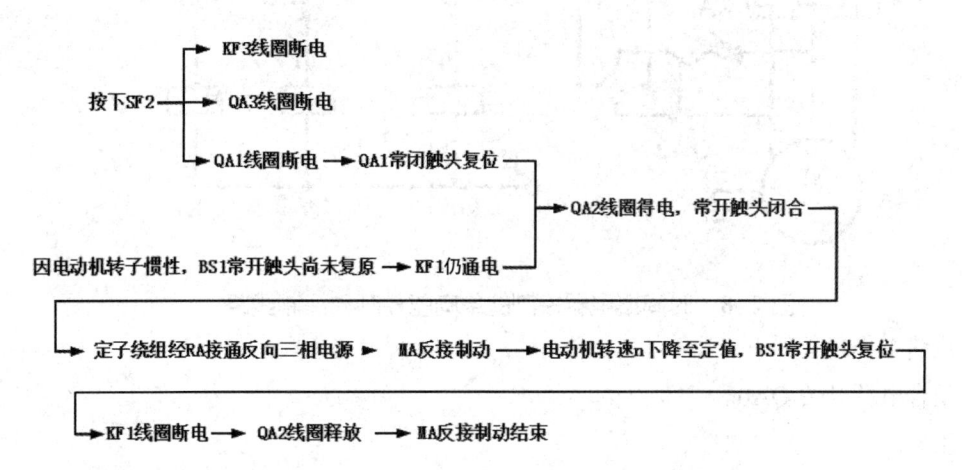

按下SF2
- → KF3线圈断电
- → QA3线圈断电
- → QA1线圈断电 → QA1常闭触头复位 → QA2线圈得电，常开触头闭合
 → 因电动机转子惯性，BS1常开触头尚未复原 → KF1仍通电
 → 定子绕组经RA接通反向三相电源 → MA反接制动 → 电动机转速n下降至定值，BS1常开触头复位
 → KF1线圈断电 → QA2线圈释放 → MA反接制动结束

电动机反向启动和制动停车过程与正转时相同，此处不再论述。

优点：制动力矩大，制动迅速，控制电路简单，设备投资少。

缺点：制动过程中冲击力强烈，易损坏传动部件。

适用于 10 kW 以下小容量电动机，制动要求迅速、系统惯性大，不经常启动与制动的设备，如铣床和中型车床等主轴的制动控制。

二、能耗制动控制

能耗制动是指在电动机脱离三相交流电源之后，定子绕组的任意两相通入直流电流，利用转子感应电流与静止磁场的作用产生制动的电磁力矩来实现制动。可以用时间继电器和速度继电器分别进行控制，其控制线路有单向能耗制动和正反向能耗制动控制两种，制动直流电流由变压器和整流元件提供。

1. 电动机单向能耗制动控制

时间继电器控制的单向能耗制动控制线路如图2-8所示。

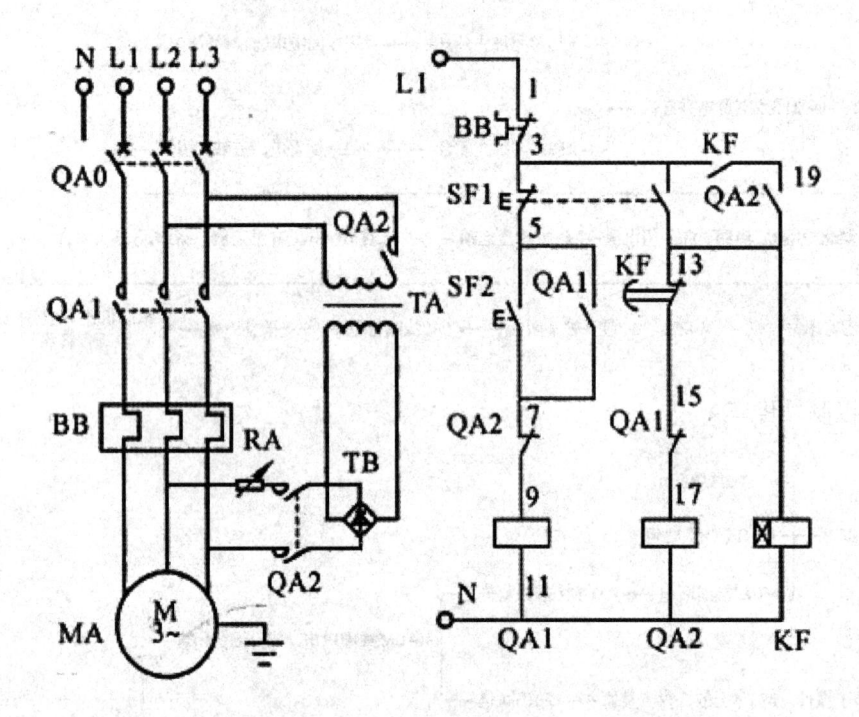

图 2-8 时间继电器控制的单向能耗制动控制线路

线路工作过程如下：

闭合电源开关 QA0。

①启动

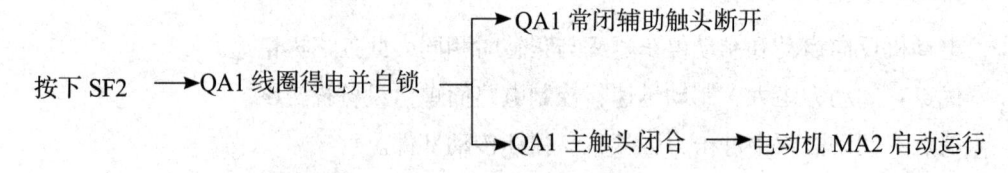

按下 SF2 → QA1 线圈得电并自锁 ┬→ QA1 常闭辅助触头断开
　　　　　　　　　　　　　　　　└→ QA1 主触头闭合 → 电动机 MA2 启动运行

②制动停车

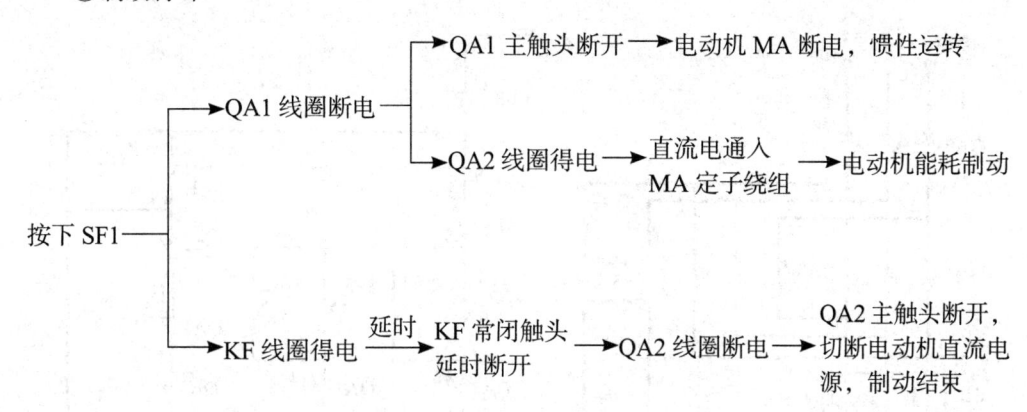

按下 SF1 → QA1 线圈断电 → QA1 主触头断开 → 电动机 MA 断电，惯性运转
　　　　　　　　　　　　→ QA2 线圈得电 → 直流电通入 MA 定子绕组 → 电动机能耗制动
　　　　　→ KF 线圈得电 → 延时 KF 常闭触头延时断开 → QA2 线圈断电 → QA2 主触头断开，切断电动机直流电源，制动结束

速度继电器控制的单向能耗制动控制线路与图 2-8 控制线路大体相同，区别是在电动机轴端安装了速度继电器 BS，并且用 BS 的常开触头取代时间继电器 KF 的线圈及其触点电路。

线路工作过程如下：

闭合电源开关 QA0。

①启动

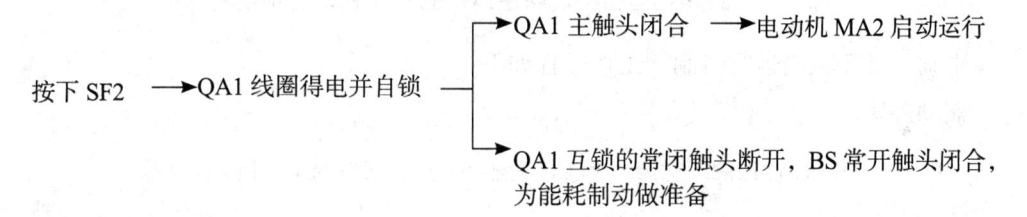

按下 SF2 → QA1 线圈得电并自锁 → QA1 主触头闭合 → 电动机 MA2 启动运行
　　　　　　　　　　　　　　　→ QA1 互锁的常闭触头断开，BS 常开触头闭合，为能耗制动做准备

②制动停车

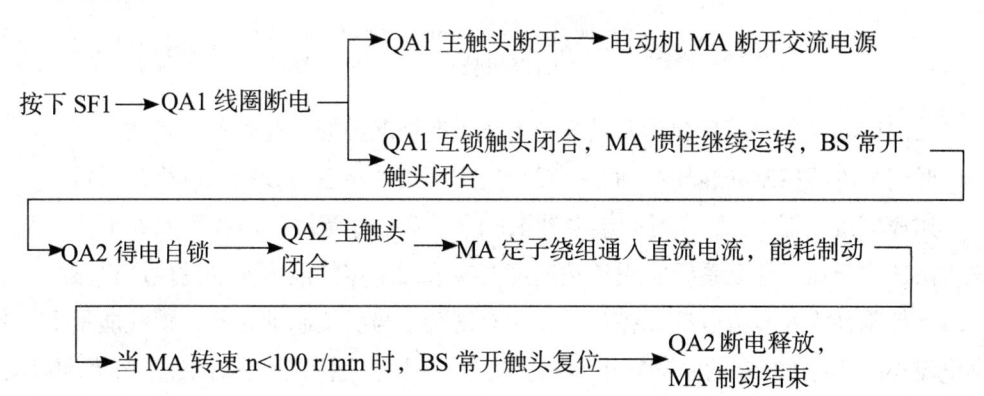

按下 SF1 → QA1 线圈断电 → QA1 主触头断开 → 电动机 MA 断开交流电源
　　　　　　　　　　　　→ QA1 互锁触头闭合，MA 惯性继续运转，BS 常开触头闭合
→ QA2 得电自锁 → QA2 主触头闭合 → MA 定子绕组通入直流电流，能耗制动
→ 当 MA 转速 n<100 r/min 时，BS 常开触头复位 → QA2 断电释放，MA 制动结束

2. 电动机可逆运行能耗制动控制

图 2-9 为时间继电器控制的可逆运行的能耗制动控制线路。

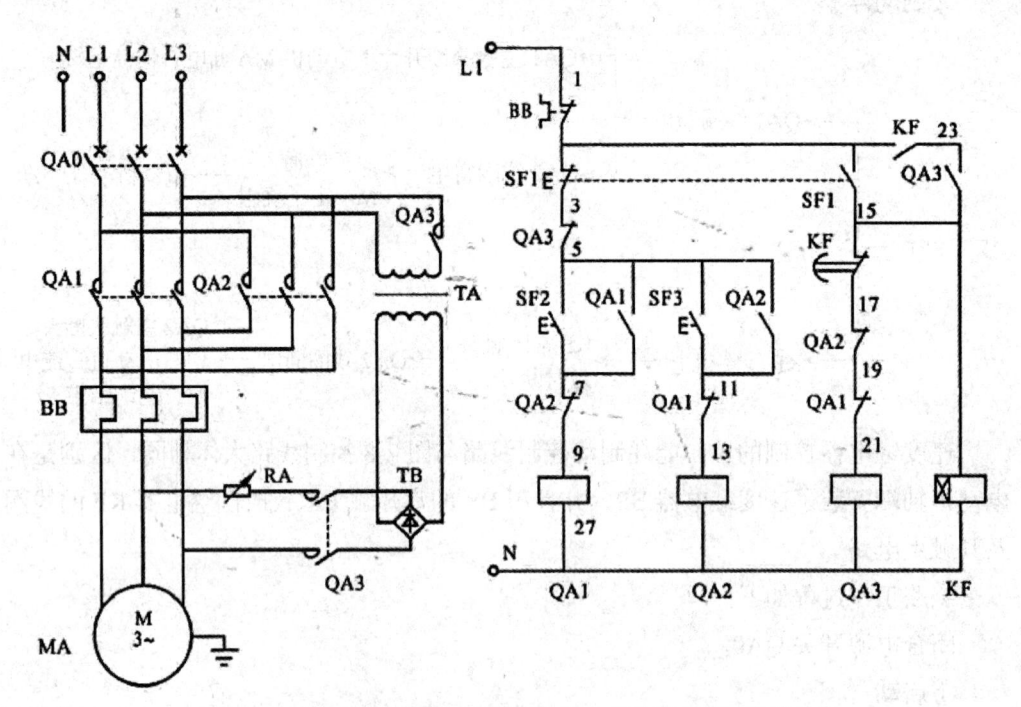

图 2-9 时间继电器实现可逆运行的能耗制动控制线路

电动机处于正向运行时制动工作过程如下：

制动停车。

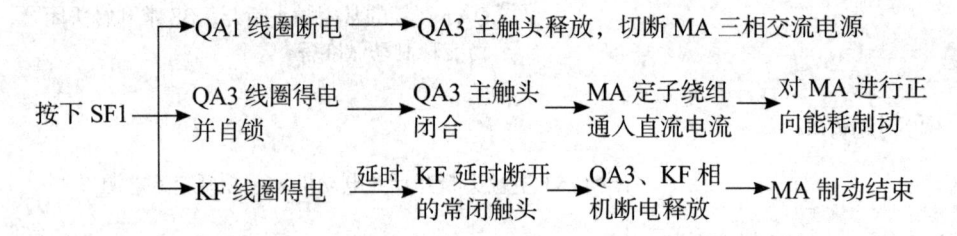

按下 SF1 ┬─► QA1 线圈断电 ──► QA3 主触头释放，切断 MA 三相交流电源
         ├─► QA3 线圈得电 ──► QA3 主触头 ──► MA 定子绕组 ──► 对 MA 进行正
         │   并自锁   闭合   通入直流电流   向能耗制动
         └─► KF 线圈得电 ─延时─► KF 延时断开 ──► QA3、KF 相 ──► MA 制动结束
                              的常闭触头   机断电释放

反向启动与反向能耗制动其过程与上述正向情况类似，此处不再复述。

时间继电器控制的能耗制动，一般只适用于负载转速比较稳定的生产机械。

用速度继电器 BS 取代时间继电器 KF 的可逆运行能耗制动线路此处不再重复，该方法适用于通过传动系统实现负载速度变换或加工零件经常变动的生产机械。

能耗制动需要直流电源，控制线路相对复杂，与反接制动相比，消耗能量少，制动电流小；但能耗制动的制动效果不如反接制动明显。适用于电动机容量较大和启动、制动频繁的设备，如磨床、龙门刨床等机床的控制线路。

第五节　三相笼型异步电动机调速控制

在工业现场，如钢铁行业的轧钢机、鼓风机，机床行业中的车床、机械加工中心等，都要求三相笼型异步电动机可调速，实现节能，提高生产效率。三相笼型异步电动机一般调速方法包括改变定子绕组极对数的变极调速、改变电磁转差率的降压调速、变频调速、串级调速和改变转子电路电阻调速。

变极调速控制最简单且价格便宜，但不能实现无级调速。变频调速控制最复杂，但性能最好，随着其成本日益降低，目前已广泛应用于工业的自动控制领域中。

一、基础知识

三相笼型异步电动机的转速公式如式（2-1）所示：

$$n = n_0(1-s) - \frac{60 f_1}{p}(1-s) \qquad (2\text{-}1)$$

式中：n_0 为电动机同步转速单位为 r/min；p 为极对数；s 为转差率；f_1 为供电电源频率，单位为 Hz。

从式（2-1）可以看出，三相笼型异步电动机调速的方法有三种：改变极对数 p 的变极调速、改变转差率 s 的降压调速和改变电动机供电电源频率的变频调速，与前面提到五种调速方法的前三种一致。

二、变极调速

变极调速是通过接触器触头改变电动机定子绕组的接线方式来改变极对数 p，实现电动机有级调速。为获取更宽的调速范围，有的机床采用三速、四速电动机。

电动机变极采用电流反向法。以电动机单相绕组为例来说明变极原理。极数为 4（$p=2$）时的一相绕组的展开图如图 2-10（a）所示，绕组由相同的两部分（半相绕组）串联而成，左边半相绕组的末端 X1 连接右边半相绕组的首端 A2。绕组的并联连接方式展开图如图 2-10（b）所示，其磁极数目减少一半，由 4 极变成 2（$p=1$）极。

串联时两个半相绕组的电流方向相同，都是从首端进、末端出，如图 2-10（a）所示；改成并联后，两个半相绕组的电流方向相反，当一个半相绕组的电流从首端进、末端出时，另一个半相绕组的电流从末端进、首端出，如图 2-10（b）所示。因此通过半相绕组的电流反向来实现改变磁极数目。

△-YY 接法如图 2-10（c）（e）所示；Y-YY 接法如图 2-10（d）（e）所示，这两种接法都实现了从四级低速到两级高速的转换。

在图 2-10（c）中，电动机三相绕组端子的出线端 U1、V1、W1 接电源，U3、V3、W3 端悬空，绕组为△接法；每相绕组中两个线圈串联，形成四个极，磁极对数 $p=2$，代入式（2-1），得其同步转速为 1 500 r/min；电动机为低速。

在图 2-10（e）中，电动机三相绕组端子的出线端 U1、V1、W1 端短接，而 U3、V3、W3 接电源，绕组为 YY 接法；每相绕组中两个线圈并联，形成两个极，磁极对数 $p=1$，代入式（2-1），得同步转速为 3 000 r/min；得到电动机为高速。

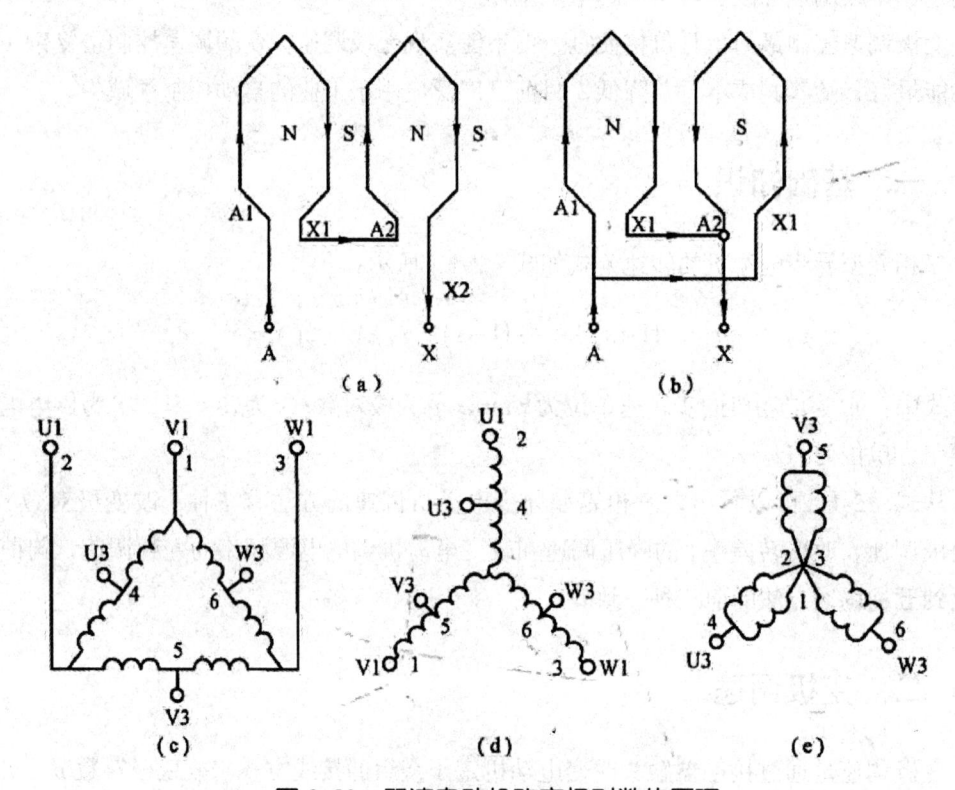

图 2-10　双速电动机改变极对数的原理

（a）顺向串联 $2p=4$ 级；（b）反向并联 $2p=2$ 级；

（c）△接法；（d）Y 接法；（e）YY 接法

双速电动机调速控制线路图如图 2-11 所示。

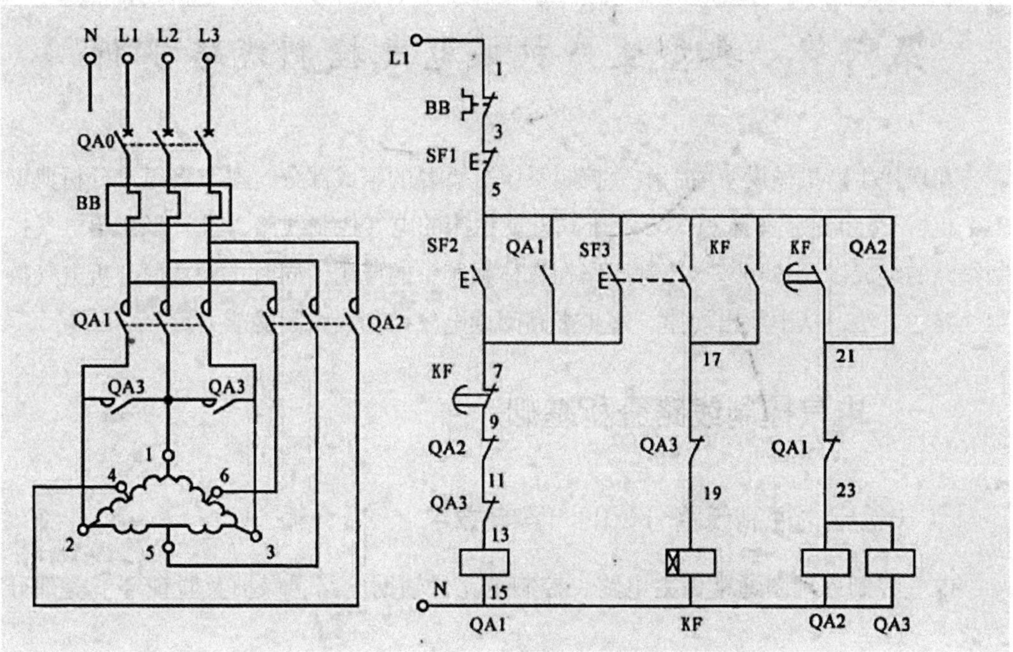

图 2-11 双速电动机调速控制线路

线路工作过程如下：

闭合电源开关 QA0。

①低速运行

按下低速按钮 SF2 → QA1 线圈得电并自锁→电动机 4 极低速△运行。

②高速运行

按下高速启动按钮SF3 → QA1通电自锁→KF线圈得电自锁，电动机低速△运行 ——

→KF常闭触头断头，QA1线圈断电释放——
→QA2线圈得电并自锁—— → 低速△运行切换至2极，高速YY运行
→QA3线圈得电 →KF线圈得电释放——

优点：调速线路简单、维修方便，能适应不同负载的要求；△-YY 接法适用于恒功率调速；Y-YY 接法适用于恒转矩调速。

缺点：该调速方法为有级调速，在扩大调速范围时需与机械变速配合使用。

第六节　典型生产机械电气控制线路分析

在现代生产机械设备中，电气控制系统是重要的组成部分，本节将通过分析典型生产机械 C650 卧式车床和 X62W 卧式万能铣床的电气控制线路，进一步介绍电气控制线路的组成以及各种基本控制线路在具体系统中的应用。同时，要掌握分析电气控制线路的方法，从中找出规律，逐步提高阅读电气控制线路图的能力。

一、电气控制线路分析基础

（一）电气控制线路分析的内容与要求

电气控制原理图通常由主电路、控制电路、辅助电路、保护及联锁环节等部分组成。

（二）电气原理图阅读分析的方法与步骤

通常分析电气控制系统时，遵循先主后辅的原则，即以主回路的某一电动机或控制线路的某个电气元件（如接触器或继电器线圈）为对象，从电源开始，从上到下，从左到右，逐一分析某一电动机或控制线路的某个电气元件的接通及断开的关系（逻辑条件），并区分出主令信号、联锁条件和保护要求等。根据图中线号和元器件的标识符号，分析出各控制条件与输出的因果关系。

电气原理图的分析方法与步骤如下：

①分析主电路。主电路旨在实现机床拖动要求。从构成可分析出电动机或执行电器的类型、工作方式、启动、转向、调速和制动等基本控制要求。

②分析控制电路。控制电路旨在实现主电路控制要求。根据控制线路功能差分出若干局部控制线路，始于电源和主令信号，通过接触器或继电器线圈等，止于线路的保护环节，通过闭合回路的逻辑判断，写出控制过程，常用方法为"查线读图法"。

③分析辅助电路。辅助电路包括执行元件的工作状态和电源显示、参数测定、照明和故障报警等部分，多由控制电路中元件实现，分析时不可脱离控制电路。

④分析联锁与保护环节。该部分旨在满足生产机械的安全性和可靠性要求，因此在控制线路中需设置配套电气保护装置和必要的电气联锁。线路分析过程不可遗漏。

⑤查漏补缺，经过以上步骤，还须"查漏补缺"，在厘清各控制环节间关联的基础上，检查整个控制线路是否有遗漏。

二、C650 卧式车床电气控制线路分析

卧式车床主要是用车刀进行车削加工的机床，加工各种回转表面、螺纹和端面，并可通过尾架进行钻孔、铰孔和攻螺纹等切削进行加工。

卧式车床通常由一台主电动机拖动，经由机械传动链，实现了切削主运动和刀具进给运动的输出，其运动速度由变速齿轮箱通过手柄操作进行切换，刀具的快速移动、冷却泵等采用单独的电动机驱动。现以 C650 卧式车床电气控制系统为例，进行电气控制线路分析。

（一）机床的主要结构和运动形式

C650 卧式车床主要是由床身、主轴、刀架、溜板箱、尾架和丝杠机构等部分组成。车床的主运动是主轴的旋转运动，由主轴电动机通过皮带传送到主轴箱带动旋转；进给运动是溜板箱中的溜板带动刀架的直线运动。进给运动也是由主轴电动机经过主轴箱输出轴、挂轮箱，传给进给箱，再通过丝杠机构运动传入溜板箱，溜板箱带动刀架做纵向和横向两个方向的进给运动。

（二）电力拖动及控制要求

基于车床的加工工艺，对拖动控制要求如下

①主电动机 MA1 功率 30 kW，采用全压空载直接启动，实现主轴主运动和溜板箱进给运动的驱动，可正反旋转和反接制动。为便于对刀操作，加设单向低速点动功能。

②冷却泵电动机 MA2 功率 0.15 kW，采用直接启动/停止，拖动冷却泵，为连续控制。

③主电动机 MA1 和冷却泵电动机 MA2 具有短路和过载保护。

④快速移动电动机 MA3 功率 2.2 kW，拖动刀架快速移动，加设手动控制启停。

⑤采用电流表检测电动机的负载情况，有必要的保护和联锁，有安全照明装置。

（三）电气控制线路分析

C650 卧式车床电气元件符号与功能说明见表 2-1。

表 2-1 C650 卧式车床电气元件符号及功能说明表

序号	符号	名称及用途	序号	符号	名称及用途
1	MA1	主电动机	15	SF1	总停按钮

续表

序号	符号	名称及用途	序号	符号	名称及用途
2	MA2	冷却泵电动机	16	SF2	主电动机正转点动按钮
3	MA3	快速移动电动机	17	SF3	主电动机正转启动按钮
4	QA1	主电动机正转接触器	18	SF4	主电动机反转启动按钮
5	QA2	主电动机反转接触器	19	SF5	冷却泵电动机停止按钮
6	QA3	短接限流电阻接触器	20	SF6	冷却泵电动机启动按钮
7	QA4	冷却泵电动机接触器	21	TA	控制变压器
8	QA5	刀架快速移动电动机接触器	22	FA1～FA3	熔断器
9	KF2	中间继电器	23	BB1	主电动机过载保护热继电器
10	KF1	通电延时时间继电器	24	BB2	冷却系电动机保护热继电器
11	BG1	快移电动机点动手柄位置开关	25	RA	限流电阻
12	SFO	机床照明灯开关	26	EA	照明灯
13	BS	速度继电器	27	BE	电流互感器
14	PG	电流表	28	QA0	隔离开关

C650 卧式车床电气控制系统线路如图 2-12 所示。

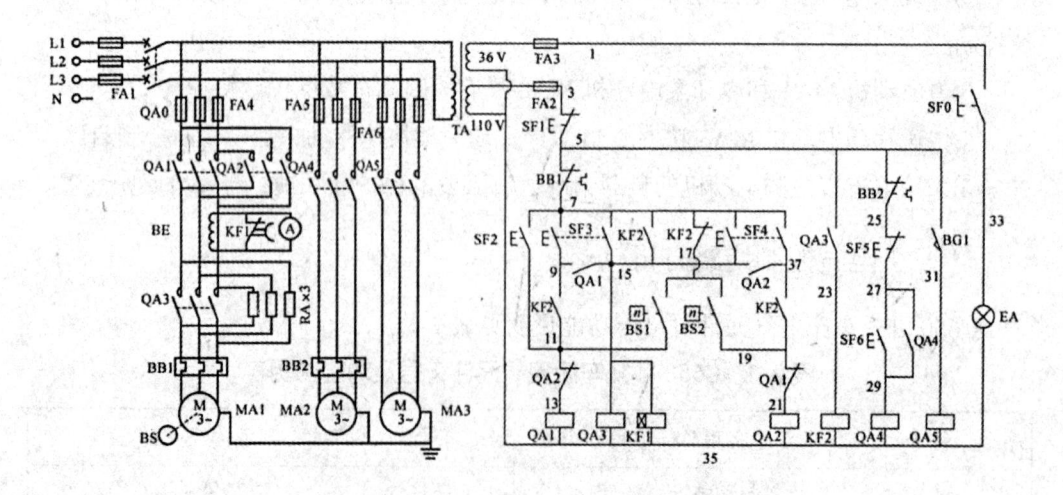

图 2-12 C650 卧式车床电气控制系统线路图

1. 主电动机 MA1 的控制

主电动机 MA1 的控制由三部分组成：正反转控制、点动控制和反接制动控制。

（1）正反转控制

线路中 QA1 为正转接触器，QA2 为反转接触器，QA3 为短接限流电阻接触器，KF1 为时间继电器，KF2 为中间继电器，BS 为速度继电器。

①正转。主电动机 MA1 的正转由正转启动按钮 SF3 控制。

按下 SF3，电路（3-5 7 15-QA3-35）接通，QA3 先得电吸合，QA3 主触头闭合，将电阻 RA 短接；且其常开辅助触头（5 23）闭合；KF2 线圈得电，常开辅助触头（9-11）闭合；QA1 线圈得电，QA1 主触头闭合，MA1 全压启动正转。因 KF2 和 QA1 吸合，电路（7-15-9-11-13-QA1-35）接通，QA1 自锁，故松开 SF3 后，MA1 仍继续运转。当电动机速度达到一定值时，速度继电器 BS2 闭合，为正转时的反接制动做准备。

②反转。主电动机 MA1 的反转由反转启动按钮 SF4 控制，其工作过程类似正转。

按下 SF4，QA3 先得电吸合，然后使 KF2、QA2 线圈陆续得电吸合，QA2 主触头使电源相序反接，MA1 全压启动反转。同时因 KF2 和 QA2 吸合，电路（3-5-7-15-19-21-QA2-35）接通，QA2 自锁，故松开 SF4 后，MA1 仍继续反转。当电动机速度达到一定值时，速度继电器 BS1 闭合，为反转时候的反接制动做准备。

在 QA1 和 QA2 线圈的电路中，分别串接了 QA2 和 QA1 的常闭辅助触头，起互锁作用。

（2）点动控制

主电动机 MA1 的点动调整由按钮 SF2 控制。

按下 SF2，电路（3-5-7-11-13-QA1-35）接通，QA1 得电，主触头闭合，电动机 MA1 经限流电阻 RA 接入主电路，降压启动；此过程因 KF2 未通电，故 QA1 不自锁。松开 SF2，QA1 断电，MA1 停转。

（3）反接制动控制

采用反接制动控制，由停车按钮 SF1 控制，当电动机转速 $n < 100$ r/min 时，电动机转速低于速度继电器动作值，用速度继电器 BS 的触头信号切断 MA1 电源。

①正转制动。

按下 SF1，QA3、KF2、QA1 断电释放，切断 MA1 电源，但 MA1 因惯性仍继续旋转，BS2 仍闭合。松开 SF1，电路（3-5-7-KF2 常闭触头 -17-19-21-QA2-35）接通，QA2 得电吸合，MA1 经 QA2 主触头和 RA 接通反相电源，实现反接制动，转速迅速下降，在 $n < 100$ r/min 时，BS2 的常开触头断开，切断 QA2 通电回路，MA1 断电停车。

②反转制动。其工作过程类似正转制动。

按下 SF4，QA3、KF2、QA2 断电释放，切断 MA1 电源，但 MA1 因惯性仍继续旋转，BS1 仍闭合。松开 SF4，电路（3-5-7-KF2 常闭触头 -17-11-13-QA1-35）接通，QA1 得电吸合，MA1 经 QA1 主触头和 RA 接通反相电源，实现反接制动，转速迅速下降，当 n＜100 r/min 时，BS1 的常开触头断开，切断 QA1 通电回路，MA1 断电停车。

2. 冷却泵电动机 MA2 的控制

采用电动机单向启、停控制。线路中 SF6 为启动按钮，SF5 为停止按钮，QA4 为冷却泵电动机接触器。

启动时按下 SF6，QA4 线圈得电，其辅助常开触头（27-29）闭合并自锁；其主触点闭合，MA2 得电运转；停止时按下 SF5，QA4 线圈断电，其所有触头复位，MA2 断电停车。

3. 快速移动电动机 MA3 的控制

通过转动刀架手柄压动位置开关 BG1，控制交流接触器 QA5 的通断（无自锁），以此达到 MA3 的启动和停止。

4. 其他辅助电路

①开关 SF0 控制照明灯 EA 的通断，其回路电压为 36 V 的安全照明电压。

②时间继电器 KF1 延时断开的常闭触头与电流表并联，防止 MA1 在点动和制动时大电流对电流表的冲击。

三、X62W 卧式万能铣床电气控制线路分析

铣床主要是指用铣刀对工件多种表面进行加工的机床。它可以加工平面、沟槽，装上分度头后可以铣切直齿齿轮和螺旋面，装上圆工作台还可以铣切凸轮和弧形槽，是一种较为精密的加工设备。

铣床中所用的切削刀具为各种形式的铣刀，以顺铣和逆铣两种形式进行，由一台主轴电动机拖动；工件装在工作台或分度头等附件上，工作台的移动由一台进给电动机拖动，主轴及进给变速由变速盘通过变速手柄操作进行选择。冷却泵等采用单独的电动机驱动，现以 X62W 卧式万能铣床电气控制系统为例，进行电气控制线路分析。

（一）铣床的主要结构和运动形式

X62W 卧式万能铣床主要由床身、主轴、刀杆、悬梁、工作台、回转盘、横溜板、升降台和底座等几部分组成。

铣床在工作时，工件装在工作台或分度头等附件上，主轴带动快刀的旋转运动是主运动。在 X62W 卧式万能铣床床身的前面有垂直导轨，升降台可沿着它上下移动；升降台上的水平导轨装有可在平行主轴轴线方向前后移动的溜板，溜板上部有可转动

的回转盘导轨，其上的工作台做垂直于主轴轴线方向的左右移动；工件由工作台上的T形槽固定，铣床工作台的前后（横向）、左右（纵向）和上下（垂直）6个方向的运动是进给运动；工作台在各个方向的快速移动则为辅助运动。

（二）电力拖动及控制要求

基于铣床的加工工艺，对拖动控制要求如下

①主轴电动机MA1功率7.5 kW，为减小铣削加工的多刀多刃切削不连续导致的负载波动，在主轴传动系统中加入飞轮；为减小引入飞轮导致的主轴停车长时大惯性，采用机械调速，调速范围D=50，采用电磁离合器进行制动，平稳迅速。利用换相开关改变主轴转向，进行顺铣与逆铣。

电磁离合器是一种自动化执行元件，它是利用电磁力的作用来传递或中止机械传动中的扭矩。

电磁离合器主轴的花键轴端，装有可沿轴向自由移动的主动摩擦片，因系花键联接，可同主动轴一起转动。从动摩擦片与主动摩擦片交替装叠，其外缘凸起部分卡在与从动齿轮固定在一起的套筒内顶，随从动齿轮转动，而不随主动轴转动。线圈通电，衔铁被吸住，紧压各摩擦片并吸向铁芯。从动齿轮依靠主动摩擦片和从动摩擦片之间的摩擦力随主动轴转动。线圈断电，装在内外摩擦片之间的圈状弹簧使衔铁和摩擦片复原，离合器不再传递力矩。线圈一端通过电刷和滑环输入直流电，另一端接地。一般采用24 V直流电源供电。

②工作台进给电动机MA2功率1.5 kW，其正反转切换依靠电气控制实现，工作台前后（横向）、左右（纵向）和上下（垂直）3种运动形式6个方向的进给运动由电动机MA2实现且电气互锁（加工时仅允许1个方向运动）；使用圆工作台加工时，工作台严禁上下、左右、前后6个方向的运动。

③主轴电动机MA1及进给电动机MA2变速采用变速盘选择，为便于变速时齿轮啮合，可以加设低速冲动功能。

④主轴电动机MA1及进给电动机MA2之间电气互锁，且遵循正向启动、逆序停车原则，即启动时，主轴电动机MA1先启动，工作台电动机MA2后启动；在停车时，工作台进给电动机MA2先停转，再关断主轴电动机MA1。

⑤冷却泵电动机MA3功率0.125 kW；主轴电动机MA1、工作台进给电动机MA2和冷却泵电动机MA3都具有短路和过载保护。

（三）电气控制线路分析

X62W卧式万能铣床电气元件符号与功能说明见表2-2。

表 2-2 X62W 卧式万能铣床电气元件符号与功能说明表

序号	符号	名称及用途	序号	符号	名称及用途
1	MA1	主轴电动机	16	SF1	工作台模式转换开关
2	MA2	工作台进给电动机	17	SF2	主轴电动机换向转换开关
3	MA3	冷却泵电动机	18	SF3	冷却泵电动机开关
4	QA1	主轴电动机正转接触器	19	SF4	机床照明灯开关
5	QA2	主轴制动及变速冲动接触器	20	SF5	主轴换刀开关
6	QA3	工作台进给电动机正转接触器	21	SF6、SF7	主电动机正向启动按钮
7	QA4	工作台进给电动机反转接触器	22	SF8、SF9	主电动机反向制动按钮
8	MB	工作台快速进给电磁铁离合器	23	SF10、SF11	工作台快速进给按钮
9	FA1～FA6	熔断器	24	BG1~BG4	工作台前下后上行程开关
10	BS	速度继电器	25	BG5	主轴电动机变速冲动行程开关
11	PG1～PG3	指示灯	26	BG6	工作台进给变速行程开关
12	PG4	电压表	27	BB1	主轴电动机过载保护热继电器
13	TA	控制变压器	28	BB2	进给电动机过载保护热继电器
14	RA	限流电阻	29	BB3	冷却泵电动机过载保护热继电器
15	EA	照明灯	30	QB	隔离开关

X62W 卧式万能铣床电气控制系统线路如图2-13所示。

3-380V 电源	主轴控制		工作进给电机		冷却电机	控制与显示			主轴控制		工作台进给控制			
	运动、换向	反向制动	正转	反转		变压器	显示	照明换刀	主轴冲动制动	主轴运行	变速冲动	右前下	左后上	圆盘	快速进给

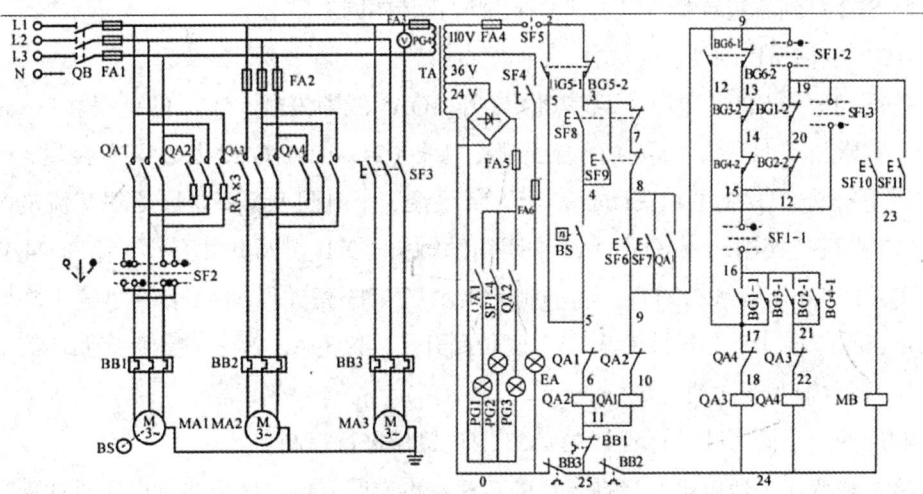

图 2-13 X62W 卧式万能铣床电气控制系统线路图

X62W 卧式万能铣床主要由3台异步电动机拖动，分别是主轴电动机 MA1、进给电动机 MA2 和冷却泵电动机 MA3。主轴电动机 MA1 拖动主轴带动铣刀进行铣削加工，换向转换开关 SF2 控制运转方向。进给电动机 MA2 的运转方向由正转接触器 QA3 和反转接触器 QA4 控制，通过操作变速手柄可以改变工作台进给运动的方向和实现快速移动。冷却泵 MA3 主要是提供切削液，通过按钮 SF3 进行启动和停止。

开启前的准备，首先闭合隔离开关 QB、主轴换刀开关 SF5，引入三相交流电源，闭合机床照明灯开关 SF4，打开照明灯 EA 为机床照明，准备工作完成。

1. 主轴电动机 MA1 的控制

线路中 QA1 为正转接触器，QA2 为反接制动接触器，SF2 为主轴电动机正反转转换开关，BS 为速度继电器，RA 为反接制动电阻，BG5 为主轴电动机变速冲动行程开关，SF6 和 SF7 为主轴电动机正向启动按钮，SF8 和 SF9 为主轴电动机反向制动按钮。

（1）正转

主电动机 MA1 的启动分别由主轴电动机换向转换开关 SF2、两个启动 SF6 和 SF7 按钮控制，两处操作分别在升降台和床身上实现。

将 SF2 打到左边选择正转，按下 SF6 或 SF7，电路（2-3-7-8-9-10-QA1-11-25）接通，

QA1 线圈得电吸合，QA1 主触头闭合，其常开辅助触头（8-9）闭合自锁；MA1 全压启动正转；且 QA1 常闭辅助触头（5-6）断开并互锁，同时直流 24 V 回路中 QA1 常开辅助触头闭合，主轴运行指示灯 PG1 亮。因 QA1 自锁，故松开 SF6 或 SF7 后，MA1 仍继续运转。当转速达到 120 r/min 时，BS 常开触头（4-5）闭合为反接制动做准备。

（2）反转

将 SF2 打到右边选择反转，工作原理同正转相同。

（3）主轴反接制动

按下 SF8 或 SF9，电路（2-3-7-8）断开，QA1 线圈失电，QA1 的自锁触头（8-9）断开，其常闭辅助触头（5-6）闭合互锁；电路（2-3-4-5-6-QA2-11-25-0）接通，QA2 线圈得电吸合，QA2 主触头闭合，定子绕组经 3 个电阻 RA 获得反相序交流电源，对 MA1 进行反接制动；同时 QA2 常闭辅助触头（9-10）断开并互锁，直流 24 V 回路中 QA2 常开辅助触头闭合，主轴制动指示灯 PG3 亮。当 MA1 转速迅速下降，低于 100 r/min 时，BS 常开触头（4-5）复位断开，切断 QA2 电路，反接制动结束。

（4）主轴变速冲动

利用变速手柄与冲动行程开关 BG5 通过机械进行控制。

将主轴变速手柄拉出，选择合适的转速，再推回复位，压下主轴电动机冲动行程开关 BG5，BG5-1（2-5）闭合，BG5-2（2-3）断开，电路（2-5-6-QA2-11-25-0）接通，QA2 线圈瞬间得电吸合，QA2 主触头闭合，MA1 电动机做瞬时点动，以便齿轮良好啮合。释放 BG5，QA2 线圈失电，所有触头复位，切断主轴电动机瞬时点动电路。

注意：无论开车还是停车，操作变速手柄复位都应快速连续，以免通电时间过长，引起 MA1 转速过高而打坏齿轮。

2. 工作台进给电动机 MA2 的控制

进给运动分为长方形工作台和圆盘工作台，这两种运动都必须在主轴运动的基础上进行，此外 6 个方向的运动都是复合联锁，不能同时接通。

工作台进给电动机 MA2 控制由四部分组成：长方形工作台、圆盘工作台、变速冲动和进给快速移动。

线路中 QA3 为正转（右前下）接触器，QA4 为反转（左后上）接触器，SF2 为主轴电动机正反转转换开关，SF1 为工作台模式转换开关，BG1～BG4 为工作台前下后上行程开关，BG6 为工作台进给变速行程开关，MB 为工作台快速进给电磁铁离合器。

（1）长方形工作台

首先将工作台模式转换开关 SF1 转到长方形工作台模式。此时 SF1-1 和 SF1-2 接通，SF1-3 和 SF1-4 断开。

①长方形工作台向右运动。将纵向操作手柄打到右侧，手柄的联动结构压下右限位行程开关（16-17）闭合，BG1-2（19-20）断开，其他控制进给运动的行程开关都处于原始位置，电路（2-3-7-8-9-13-14-15-16-17-18-QA3-24-25-0）接通，QA3 线圈得电，主触头闭合，其常闭辅助触头（21-22）断开并互锁，MA2 电动机得电，工作台向右进给运动。

将纵向操作手柄打到中间零位，右限位行程开关 BG1 不再受压，BG1-1（16-17）断开，QA3 线圈断电释放，进给电动机停转，工作台向右进给停止。

②长方形工作台向左移动。将纵向操作手柄打到左侧，手柄的联动结构压下左限位行程开关 BG2，BG2-1（16-21）闭合，BG2-2（20-15）断开，其他控制进给运动的行程开关都处于原始位置，电路（2-3-7-8-9-13-14-15-16-21-22-QA4-24-25-0）接通，QA4 线圈得电，主触头闭合，其常闭辅助触头（17-18）断开并互锁，MA2 电动机得电，工作台向左进给运动。

将纵向操作手柄打到中间零位，左限位行程开关 BG2 不再受压，BG2-1（16-21）断开，QA4 线圈断电释放，进给电动机停转，工作台向左进给停止。

③长方形工作台向前（下）运动。将横向与垂直操作手柄打到前（下）侧，手柄的联动结构压下前（下）限位行程开关 BG3，BG3-1（16 17）闭合，BG3-2（13-14）断开，其他控制进给运动的行程开关都处于原始位置，电路（2-3-7-8-9-19-20-15-16-17-18-QA3-24-25-0）接通，QA3 线圈得电，主触头闭合，其常闭辅助触头（21-22）断开并互锁，MA2 电动机得电，工作台向前（下）进给运动。

将横向与垂直操作手柄打到中间零位，前（下）限位行程开关 BG3 不再受压，BG3-1（16-17）断开，QA3 线圈断电释放，进给电动机停转，工作台向前（下）进给停止。

④长方形工作台向后（上）运动。将横向与垂直作手柄打到后（上）侧，手柄的联动结构压下后（上）限位行程开关 BG4，BG4-1（16-21）闭合，BG4-2（14-15）断开，其他控制进给运动的行程开关都处于原始位置，电路（2-3-7-8-9-19-20-15-16-21-22-QA4-24-25-0）接通，QA4 线圈得电，主触头闭合，其常闭辅助触头（17-18）断开并互锁，MA2 电动机得电，工作台向后（上）进给运动。

将横向与垂直操作手柄打到中间零位，后（上）限位行程开关 BG4 不再受压，BG4-1（16-21）断开，QA4 线圈断电释放，进给电动机停转，工作台向后（上）进给停止。

（2）圆盘工作台

将工作台模式转换开关 SF1 转到圆盘工作台模式。此时 SF1-3 和 SF1-4 接通，SF1-1 和 SF1-2 断开。将 SF2 打到左边选择正转，按下 SF6 或 SF7，电路（2-3-7-8-9-

13-14-15-20-19-12-17-18-QA3-24-25-0）接通，QA3 线圈得电吸合，主触头闭合，其常闭辅助触头（21-22）断开并互锁，MA2 电动机得电，经机械传动机构拖动圆盘工作台单向旋转。

（3）进给变速冲动

在主轴电动机 MA1 运行条件下，变速冲动需要将变速操作手柄打到中间零位，进给的行程开关都在原位方能实现。与主轴变速时的冲动控制一样，进给电动机 MA2 通电时间应控制较短，以防止转速过大，在变速时打坏齿轮。

将进给变速手柄拉至速度合适位置，压下工作台进给变速行程开关 BG6，BG6-1（9-17）闭合，BG6-2（9 13）断开。电路（2-3-7-8-9-17-18-QA3-24-25-0）接通，QA3 线圈瞬间得电吸合，QA3 主触头闭合，MA2 电动机做瞬时点动，以便齿轮良好啮合。释放 BG6，QA3 线圈失电，所有触头复位，切断工作台进给电动机瞬时点动电路。

（4）工作台快速进给

为提高劳动生产率，要求铣床在不做铣削加工时，工作台可以在前后（横向）、左右（纵向）和上下（垂直）3 种运动形式 6 个方向实现快速进给运动。

主轴电动机 MA1 启动后，将进给变速柄扳到所需位置，工作台按照选定的速度和方向做常速进给移动时，再按下快速进给按钮 SF10 或 SF11，电路（2-3-7-8-9-19-23-MB-24-25-0）接通，工作台快速进给电磁铁离合器 MB 接通，使工作台按照运动方向做快速移动。当松开快速进给按钮 SF10 或 SF11，电磁铁 MB 断电，摩擦离合器断开，停止快速进给，工作台仍按原常速继续运动。

3. 控制电路的联锁与保护

X62W 卧式万能铣床运动较多，电气控制电路较为复杂，为安全可靠地工作，应具有完善的联锁与保护。

①主轴运动与进给运动的顺序联锁。进给电气控制电路接在主轴电动机接触器 QA1 的常开辅助触头之后。这就保证了主电动机启动之后方可启动进给电动机，而当主轴电动机 MA1 停止时，进给电动机 MA2 也立即停止。

②工作台 6 个运动方向的联锁。工作台只允许单方向运动，为此，工作台前后（横向）、左右（纵向）和上下（垂直）3 种运动形式 6 个方向的进给运动之间都有互锁。其中工作台纵向操纵手柄实现工作台左、右运动方向的联锁；横向与垂直操纵手柄实现前、后和上、下 4 个方向之间的联锁。为实现这两个操纵手柄之间的联锁，在图 2-13 中，接线点（19-20-15）由 BG1、BG2 复合常闭触点串联组成，接线点（13-14-15）由 BG3、BG4 复合常闭触点串联组成，两个接线点并联后，再分别串接于 QA4 和 QA3 线圈电路中，控制进给电动机 MA2。当扳动纵向进给操纵手柄时，压下 BG1 或 BG2 开关，断开支路（19-20-15），但 QA3 或 QA4 线圈仍可经支路（13-14-15-16-17-18）

或支路（13-14-15-16-21-22）供电；若此时再扳动横向与垂直进给操纵手柄，又将压下 BG2 或 BG4 开关，将支路（13-14-15）断开，使 QA3、QA4 线圈无法通电，进给电动机无法工作。这就要求不允许同时操纵两个机械手柄，从而实现了工作台 6 个运动方向的联锁。

③长方形工作台与圆盘工作台的联锁。圆盘工作台的运动必须与长方形工作台 6 个方向的进给运动有可靠的联锁，否则将造成刀具和机床的损坏。为避免这样的事故发生，从电气上采取了互锁措施，只有纵向进给操纵手柄、垂直与横向进给操纵手柄都置于零位时才可以进行圆盘工作台的旋转运动。若某一操纵手柄不在零位，则行程开关 BG1～BG4 中的一个被压下，其对应的常闭触点断开，从而切断了 QA3 线圈通电电路。因此，当圆盘工作台工作时，若扳下任一个进给操纵手柄，接触器 QA3 将断电释放，进给电动机 MA2 自动停止。

④具有完善的保护。该电路具有短路保护、长期过载保护和工作台 6 个运动方向的限位保护等。该机床的限位保护采用机械和电气相配合的方法。由挡块确定各进给方向上的极限位置，当工作台运动到极限位置时，挡块将操纵手柄撞回中间零位，在电气上使相应进给方向的行程开关复位，切断进给电动机的控制电路，使进给运动停止，从而保证了工作台在规定范围内运动，避免了机械和人身事故的发生。

第三章　可编程序控制器基础

第一节　可编程序控制器概述

　　电气控制系统的发展是由继电器-接触器控制系统开始的。继电器-接触器控制系统中采用有触点控制器件来实现对控制对象运行状态的控制，习惯上又称为电气控制。这种控制方式自动化程度低、控制精度差，但具有简便、成本低、维护容易等优点，可以实现电动机的启动、正反转、制动、停车及有级调速控制等，至今仍广泛应用于对控制要求不高的场合。随着晶体管、晶闸管等半导体器件问世，控制系统中出现了无触点控制器件。这类控制器件具有效率高、反应快、寿命长、体积小、质量轻等优点，使控制系统的自动化程度、安全程度、控制速度和控制精度都大大提高。

　　计算机技术的进步与发展推动自动控制系统中出现了数字控制技术、可编程控制技术，使自动控制系统进入现代控制系统的崭新阶段。总之，大功率半导体器件、大规模集成电路、计算机控制技术、检测技术及现代控制理论的发展，推动了电气控制技术的不断进步。而可编程序控制器作为一种新型的通用自动控制装置，具有可靠性高、环境适应性强和操作简便等优点，广泛应用于自动化控制领域，深受工程技术人员的喜爱。

一、可编程序控制器的定义

　　可编程序控制器是在继电器-接触器控制和计算机控制基础上开发的工业自动控制装置。早期的可编程序控制器在功能上只能进行逻辑控制，替代以继电器、接触器为主的各种顺序控制。因此，称它为可编程序逻辑控制器（Programmable Logic Controller，PLC）。

　　进入20世纪80年代，计算机技术和微电子技术的迅猛发展，极大地推动可编程序控制器的发展，使其功能日益增强，更新换代明显加快。随着技术的发展，国外一些厂家采用微处理器作为中央处理单元，使其功能大大增强。它不仅具有逻辑运算功能，还具有算术运算、模拟量处理和通信联网等功能，PLC 这一名称已不能准确反映它的特性。因此，1980 年美国电气制造商协会将它命名为可编程序控制器（Programmable Controller，PC），但由于个人计算机（Personal Computer）也简称为 PC，为避免混淆，习惯上称可编程序控制器为 PLC。

可编程序控制器一直在发展中，直到目前为止，还未能对其下最后的定义。美国电气制造商协会在 1980 年给可编程序控制器做了如下定义："可编程序控制器是一个数字式的电子装置，它使用了可编程序的记忆体以存储指令，用来执行诸如逻辑、顺序、计时、计数和演算等功能，并通过数字或模拟的输入和输出，以控制各种机械或生产过程。一台数字电子计算机若具有可编程序控制器的功能，亦被视同为可编程序控制器，但并不包括鼓式或机械式顺序控制器。"国际电工委员会在对前两次颁布的可编程序控制器标准草案修订的基础上于 1987 年 2 月颁发了第三稿，草案中对可编程序控制器的定义是："可编程序控制器是一种数字运算操作的电子系统，是专门为在工业环境下应用设计的，它采用可以编制程序的存储器，用来在其内部存储执行逻辑运算、顺序控制、定时、计数和算术运算等操作的指令，并能通过数字式或模拟式的输入和输出，控制各种类型的机械或生产过程。可编程序控制器及其有关设备都应按易于与工业控制系统形成一个整体、易于扩展其功能的原则设计。"

事实上，可编程序控制器是一种以微处理器为核心，带有指令存储器和输入/输出接口，将自动化技术、计算机技术、通信技术融为一体的新型工业控制装置。国际电工委员会的定义强调了可编程序控制器是"数字运算操作的电子系统"，它是"专为在工业环境下应用而设计"的工业计算机，采用"面向用户的指令"，编程方便，能完成逻辑运算、顺序控制、定时、计数和算术运算，还具有"数字量或模拟量的输入/输出控制"能力，易于与"工业控制系统联成一体"，便于用户"扩展"其功能，可以直接应用于工业环境，抗干扰能力强、适应能力强、应用范围广。

总之，可编程序控制器是一台计算机，是专为工业环境应用而设计制造的计算机，它具有丰富的输入/输出接口，并且具有较强的驱动能力。但可编程序控制器产品并不是针对某一具体工业应用。在实际应用时，其硬件要根据实际需要配置，其控制程序则应用可编程序控制器自身语言根据用户控制要求进行设计。

二、可编程序控制器的产生、发展及趋势

（一）可编程序控制器的产生与发展

在可编程序控制器出现之前，生产线的控制多采用继电器－接触器控制系统。所谓继电器－接触器控制系统是指由各种自动控制电气元件组成的电气控制线路。它经

历了比较悠久的历史。其特点为结构简单、价格低廉、抗干扰能力强，能在一定范围内满足单机和自动生产线的需要。但是它有明显的缺点，主要体现在有触点的控制系统，触点繁多，组合复杂，因而可靠性差。此外，它是采用固定接线的专用装置，灵活性差，不能满足程序经常改变、控制要求比较复杂的场合。因此，它制约了日新月异的工业发展。于是人们寻求研制一种新型的通用控制设备，取代原有的继电器－接触器控制系统。

20世纪60年代末期，美国汽车制造工业竞争激烈，为了使汽车型号不断翻新，缩短新产品的开发周期。1968年美国通用汽车公司提出研制可编程序控制器的基本设想，即把计算机的功能和继电器－接触器控制系统结合起来，将硬件接线的逻辑关系转为软件程序设计；而且要求编程简单易学，能在现场进行程序修改和调试；并且要求系统通用性强，适合在工业环境下运行。

1969年，美国数字设备公司根据上述要求研制出了世界第一台可编程序控制器。限于当时的科学技术水平，可编程序控制器主要由分立元件和中小规模集成电路构成。但是，它取代了传统的继电器－接触器控制系统，首次在美国通用汽车公司的汽车自动装配线运行，获得了成功。其后日本、德国等相继引入，并使其应用的领域迅速扩大。

自第一台可编程序控制器诞生以来，它的发展经历了五个重要时期。

① 从1969年到20世纪70年代初期。这一时期主要特点为CPU由中小规模数字集成电路组成，存储器为磁芯存储器；控制功能比较简单，能完成定时、计数及逻辑控制；有多个厂商推出一些典型产品，但产品没有形成系列化；应用的范围不是很广泛，还仅仅是继电器－接触器控制系统的替代产品。

② 20世纪70年代初期到20世纪70年代末期。这一时期主要特点为：采用CPU微处理器，存储器也采用了半导体存储器，不仅使整机的体积减小，而且数据处理能力获得了很大提高，增加了数据运算、传送、比较等功能，实现了对模拟量的控制；软件上开发出自诊断程序，使可编程序控制器的可靠性进一步提高。这一时期的产品已初步实现了系列化，可编程序控制器的应用范围迅速扩大。

③ 20世纪70年代末期到20世纪80年代中期。这一时期主要特点为：由于大规模集成电路的发展，推动了可编程序控制器的发展，CPU开始采用8位和16位微处理器，使数据处理能力和速度大大提高，可编程序控制器开始具有了一定的通信能力，为实现可编程序控制器分散控制、集中管理奠定了重要基础，软件上开发出面向对象的梯形图语言及助记符语言，为可编程序控制器的普及提供了必要条件。在这一时期，发达的工业化国家多种工业控制领域开始使用可编程序控制器。

④ 20世纪80年代中期到20世纪90年代中期。这一时期主要特点为：超大规

模集成电路促使可编程序控制器完全计算机化，CPU已经开始采用32位微处理器，数学运算、数据处理能力大大提高，增加了运动控制、模拟量控制等，联网通信能力进一步加强；可编程序控制器功能在不断增加的同时，体积在减小。在此期间，国际电工委员会颁布了可编程序控制器标准，使可编程序控制器向标准化、系列化发展。

⑤ 20世纪90年代中期至今。这一时期主要特点为：可编程序控制器使用16位和32位微处理器，运算速度更快、功能更强，具有更强的数值运算、函数运算和大批量数据处理能力；出现了智能化模块，可以实现对各种复杂系统的控制。编程语言除了传统的梯形图、助记符语言之外，还增加了高级编程语言。

可编程序控制器经过几十年的发展，现已形成了完整的产品系列，其功能与昔日的初级产品不可同日而语，强大的软、硬件功能已接近或达到计算机功能。目前可编程序控制器产品在工业控制领域中无处不见，并且已渗透到国民经济的各个领域。它能够发挥重要作用，得到了各个发达的工业国家的高度重视。

（二）可编程序控制器的发展趋势

可编程序控制器问世以来，一直备受各国的关注。1971年日本引入可编程序控制器技术；1973年德国引入可编程序控制器技术；我国于1973年开始研制可编程序控制器。目前世界上百家可编程序控制器制造厂中仍然是美、日、德三国占有举足轻重的地位。近年来我国可编程序控制器生产有了长足的发展，国内可编程序控制器生产厂家已达到一定规模，但与世界先进水平相比，我国的可编程序控制器研制开发和生产还比较落后。

随着计算机技术的发展，可编程序控制器也同时得到迅速发展。今后可编程序控制器将会朝着以下两个方向发展：

①方便灵活和小型化。工业上大多数的单机自动控制只需要监测控制参数，而且执行的动作有限，因此小型机需求量十分巨大。所谓向小型化发展是指向体积小、价格低、速度快、功能强、标准化和系列化发展。尤其是体积小巧，易于装入机械设备内部的，是实现机电一体化的理想控制设备。在结构上一些小型机采用框架和模块的组合方式，用户可根据需要选择I/O接口、内存容量或其他功能模块。这样，方便灵活地构成所需要的控制系统，以满足各种特殊的控制要求。

②高功能和大型化。对钢铁工业、化工工业等大型工厂实施生产过程的自动控制一般比较复杂，尤其实现对整个工厂的自动控制更加复杂，因此要向大型化发展，即向大容量、高可靠性、高速度、多功能、网络化方向发展。为获得更高速度，就需要提高CPU的等级。虽然，目前可编程序控制器的CPU与计算机CPU在共同向前发展，但可编程序控制器的CPU仍相当落后。相信不久的将来，用可编程序控制器取代微

机的工业控制将成为现实。

从可编程序控制器的发展趋势看，PLC控制技术将成为今后工业自动化的主要手段。在未来的工业生产中，PLC技术、机器人技术、CAD/CAM和数控技术将成为实现工业生产自动化的四大支柱。随着生产技术的发展，借鉴国外的先进技术，快速发展多品种、多档次的可编程序控制器，并且进一步促进可编程序控制器的推广和应用，是提高我国工业自动化水平的迫切任务。我们相信，随着可编程序控制器的研究、生产以及推广和使用，必然将会带领我国工业自动化迈向一个新的台阶。

三、可编程序控制器的特点、功能及应用领域

大规模和超大规模集成电路技术和通信技术的进步，极大地推动着可编程序控制器的发展，其功能不断增加、不断强大。由于可编程序控制器的优越特点，其应用领域也不断扩大。

（一）可编程序控制器的特点

1. 通用性强

PLC是一种工业控制计算机，其控制操作功能可以通过软件编制来确定。同一台PLC可用于不同的控制对象，在生产工艺改变或生产线设备更新时，不必改变PLC硬件设备，只需改变软件就可以实现不同的控制要求，充分体现了灵活性、通用性。

各种PLC产品均成系列化生产，品种齐全。同一系列PLC，不同机型功能基本相同，可以互换，可以根据控制要求进行扩展，包括容量扩展、功能扩展，进一步满足控制需要。

2. 可靠性高

可编程序控制器采用了微电子技术，大量的开关动作由无触点的半导体集成电路完成。内部处理过程不依赖于机械触点，而是通过对存储器的内容进行读或写来完成的。因此不会出现继电器–接触器控制系统的接线老化、触点接触不良、触点电弧等现象。

可编程序控制器抗干扰能力强，在输入、输出端口均采用光电隔离，使外部电路与内部电路之间避免了直接的联系，可有效地抑制外部电磁干扰，PLC还具有完善的自诊断功能，检查判断故障方便。PLC特殊的外壳封装结构，使其具有良好的密封、防尘、抗震等作用，适合于环境恶劣的工业现场。

3. 编程简单

PLC最大特点是采用了以继电器线路图为基础的形象编程语言——梯形图语言，直观易懂，便于掌握。梯形图语言实际是一种面向用户的高级语言，其电路符号和表

达方式与继电器－接触器电路接线图相当接近。操作人员通过阅读使用手册或接受短期培训就可以编制用户程序。PLC与个人计算机联网或加入到集散控制系统之中时，通过在上位机上用梯形图编程，程序直接下装到PLC，使编程更容易、更方便。

近年来又发展了面向对象的顺序控制流程图语言，也称功能图，使编程更加简单方便。

4. 功能强大

PLC不仅可以完成逻辑运算、计数、定时，还可以完成算术运算以及A/D、D/A转换等。PLC最广泛的应用场合是对开关量逻辑运算和顺序控制，同时还可以应用于对模拟量的控制。

PLC可以控制一台单机、一条生产线，还可控制一个机群、多条生产线；可以现场控制，也可远距离控制；可控制简单系统，也可控制复杂系统。在大系统控制中，PLC可以作为下位机与上位机或在同级的PLC之间进行通信，完成数据的处理和信息交换，实现对整个生产过程的信息控制和管理。

5. 体积小、功耗低

由于PLC采用半导体集成电路，因此具有体积小、质量轻、功耗低的特点，而且设计结构紧凑坚固，易于装入机械设备内部，是实现机电一体化的理想控制设备。

6. 对电源要求不高

一般的可编程序控制器，如用直流24 V电压供电，电压波动允许为16～32 V，如用交流220 V电压供电，电压波动允许为190～260 V。PLC一般用锂电池进行电源保护，对RAM内的用户程序具有5年的停电记忆功能，这给调试工作带来了极大的方便。

7. 控制系统安装、调试方便

可编程序控制器中含有大量的相当于中间继电器、时间继电器、计数器等功能的元件，如辅助继电器、定时器、计数器等，便于构成逻辑控制，而且采用程序"软接线"代替"硬接线"，安装接线工作量小，并进一步提高了系统的可靠性。设计人员在实验室就能完成系统的模拟运行调试工作。输入信号可通过外接小开关送入；输出信号通过观察PLC主机面板上相应的发光二极管获得。程序设计好后，再安装PLC，在现场进行调试。

8. 设计施工周期短

使用PLC完成一项控制工程，在系统设计完成以后，现场控制柜（台）等硬件的设计及现场施工和PLC程序设计可以同时进行。PLC的程序设计可以在实验室模拟调试。由于PLC使整个设计、安装、接线工作量大大减少，又由于PLC程序设计和硬件的现场施工可同时进行，因此大大缩短了施工周期。

由于可编程序控制器具备上述特点，它把微型计算机技术与开关量控制技术很好地融合在一起，具有与监控计算机联网等功能，其应用几乎覆盖各个工业领域。它与目前应用于工业中的各种顺序控制设备相比较，具有明显的优势，表3-1为继电器-接触器控制系统、微机控制系统、PLC控制系统之间的比较。

表3-1 继电器-接触器控制系统、微机控制系统、PLC控制系统比较表

项目	继电器-接触器控制系统	微机控制系统	PLC控制系统
功能	用大量继电器布线，逻辑实现顺序控制	用程序实现各种复杂控制，功能最强	用程序可以实现各种复杂控制
通用性	一般是专用	要进行软、硬件改造才能做他用	通用性好，适应面广
可靠性	受机械触点寿命限制	一般比PLC差	平均无故障工作时间长
抗干扰性	能抗一般电磁干扰	要专门设计抗干扰措施，否则易受干扰影响	一般不用专门考虑抗干扰问题
适应性	环境差，会降低可靠性和寿命	工作环境要求高，如机房、实验室、办公室	可适应一般工业生产现场环境
接口	直接与生产设备连接	要设计专门的接口	直接与生产设备连接
灵活性	改变硬件接线逻辑、工作量大	修改程序技术难度较大	修改程序较简单容易
工作方式	顺序控制	中断处理，响应最快	顺序扫描
系统开发	图样多，安装接线工作量大，调试周期长	系统设计较复杂，调试技术难度大，需要有系统的计算机知识	设计容易、安装简单、调试周期短
维护	定期更换继电器，维修费时	技术难度较高	现场检查，维修方便

（二）可编程序控制器的功能

近年来，自动化技术、计算机技术、通信技术融为一体，使可编程序控制器的功能不断拓宽和增强，具有以下主要功能：

1.逻辑控制

可编程序控制器具有逻辑运算功能，设置有逻辑"与""或""非"等指令，描述触点的串联、并联、块串联、块并联等各种连接，可以用来代替继电器-接触器逻辑控制和顺序逻辑控制。

2.定时控制

可编程序控制器具有定时控制功能,为用户提供了若干个定时器。通过设置定时指令,编程中用户根据需要设置定时值,在程序运行中进行读出与修改,使用灵活,操作方便,可以实现对某个操作的限时控制或延时控制,从而满足生产工艺要求。定时器分为两类:一是常规型,即该种定时器一旦在系统断电或驱动信号断开时,定时器则复位,其状态值恢复为原设定值;另一种是积算型,这类定时器在系统断电或驱动信号断开时,可以保持当前值,待系统复电或驱动信号接通时,定时器从断电时的状态值继续计时。

3.计数

可编程序控制器还具有计数功能,为用户提供了若干个计数器。通过设置计数指令,编程中用户根据需要设定计数值,在程序运行中被读出与修改,使用灵活,操作方便,可以实现生产工艺过程的产品计数功能。计数器分为两类:一类为常规型,另一类为积算型。

4.步进控制

可编程序控制器能完成步进控制。步进控制是指在完成一道工序以后,再进行下一步工序,也就是顺序控制。可编程序控制器为用户提供了若干个移位寄存器,或者直接采用步进指令,编程和使用极为方便,很容易实现步进控制的工艺要求。

5.A/D、D/A 转换

有的可编程序控制器还具有"模/数"转换(A/D)和"数/模"转换(D/A)功能,可以实现对模拟量的调节与控制。

6.通信和联网

采用了通信技术的可编程序控制器可以进行远程 I/O 控制,多台 PLC 之间可以进行同级连接,还可以与计算机进行上位连接,接受上位计算机的命令,并返回执行结果。计算机和多台 PLC 可以组成分布式控制网络,实现较大规模的复杂控制。另外,近年来新型的 PLC 总线技术还允许将 PLC 接入因特网、以太网,便于实现生产自动化及信息化发展。

7.数据处理

部分可编程序控制器还具有数据处理能力及并行运算指令,能进行数据并行传送、比较逻辑运算以及 BCD 码的加、减、乘、除等运算,能进行"与""或"操作,还可以实现"取反""逻辑移位""算术移位""数据检索""数制转换"等功能,而且与打印机相连可以输出程序及有关数据。

8. 对控制系统进行监控

可编程序控制器具有较强的监控功能，能记录某些异常情况或异常时自动终止运行。操作人员可以监控相关部分的运行状态，便于系统的调试、使用和维护。

（三）可编程序控制器的应用领域

随着微电子技术的快速发展，PLC 的制造成本不断下降，而功能却大大增强。目前，在先进工业国家中，PLC 已成为工业控制的标准设备，应用的领域已覆盖了所有工业企业。概括起来主要应用在以下几个方面：

1. 开关量的逻辑控制

开关量逻辑控制是工业控制中应用最多的控制，PLC 的输入和输出信号都是通/断的开关信号。控制的输入、输出点数可以不受限制，从十几个到成千上万个点，可通过扩展实现。在开关量的逻辑控制中，PLC 是继电器-接触器控制系统的替代产品。

用 PLC 进行开关量控制被应用在许多行业，如机床电气控制、电机控制、电梯运行控制、冶金系统的高炉上料、汽车装配线、啤酒灌装生产线等。

2. 模拟量控制

PLC 能够实现对模拟量的控制。如果配上闭环控制模块后，可对温度、压力、流量、液面高度等连续变化的模拟量进行闭环过程控制，如锅炉、冷冻、反应堆、水处理和酿酒等。

3. 数字量控制

PLC 能和机械加工中的数字控制及计算机数字控制组成一体，实现数字控制。随着 PLC 技术的迅速发展，有人预言今后的计算机数控系统将变成以 PLC 为主的控制系统。

4. 机械运动控制

PLC 可采用专用的运动控制模块，对伺服电机和步进电机的速度与位置进行控制，以实现对各种机械的运动控制，如金属切削机床、数控机床、工业机器人等，美国 JEEP 公司焊接自动线上使用的机器人大都是采用 PLC 进行控制。

5. 通信、联网及集散控制

PLC 通过网络通信模块及远程 I/O 控制模块，可实现 PLC 与 PLC 之间的通信、联网和与上位计算机的通信、联网；实现 PLC 分散控制、计算机集中管理的集散控制（又称分布式控制），组成多级控制系统，增加系统的控制规模，甚至可以使整个工厂实现生产自动化，日本三菱公司开发的 CC-LINK 系列以及德国西门子公司开发的 PROFIBUS 系列就是具有该功能的产品。

在我国，PLC 的应用最近几年发展很快，在一些大中型企业得到了很好的应用，如上海宝山钢铁（集团）公司一、二期工程中使用 PLC 多达 857 台，武汉钢铁（集团）公司和首都钢铁总公司等大型钢铁企业也都使用了许多 PLC。另外，在旧设备的技术革新改造上，PLC 得到了很广泛的利用，同时取得了可观的经济效益。

四、可编程序控制器的分类、性能指标与典型产品

（一）可编程序控制器的分类

目前 PLC 的品种很多，规格性能不一，且还没有一个权威的、统一的分类标准。目前一般按以下几种情况大致分类：

1. 按结构形式分类

按结构形式分类，PLC 可分为整体式和模块式两种。

（1）整体式 PLC

整体式 PLC 又称为单元式或箱体式。整体式 PLC 将电源、中央处理器、输入/输出部件等集中配置在一起，有的甚至全部安装在一块电路板上，装在一个箱体内，通常称为主机。其结构紧凑、体积小、质量小、价格低，但输入/输出（I/O）点数固定，使用不灵活，一般小型可编程序控制器采用这种结构。整体式可编程序控制器一般配备有特殊功能单元，如模拟量单元、位置控制单元等，使机器的功能得以加强。

（2）模块式 PLC

模块式 PLC 又称为积木式，它把 PLC 的各部分以模块形式分开，如电源模块、CPU 模块、输入模块、输出模块等。模块式 PLC 由框架和各种模块组成，通过把模块插入框架的插座上，组装在一个结构内。有的可编程序控制器没有框架，各种模块安装在底板上，模块式结构配置灵活、装配方便、便于扩展和维修，一般大中型可编程序控制器都采用这种结构，也有一些小型 PLC 采用模块式结构。这种结构较复杂，造价相对较高。

2. 按输入/输出点数和存储容量分类

按输入/输出点数和存储容量来分，PLC 大致可以分为大、中、小型三种。

（1）小型 PLC

小型 PLC 的规模较小，输入/输出（I/O）点数一般从 20 点到 128 点，用户程序存储容量在 1KB 以下。其中把小于 64 点的 PLC 称为超小型机，64 点至 128 点为小型机。这类 PLC 的主要功能有逻辑运算、计数、移位等，它通常用作代替继电器－接触器控制的工业控制机，用于机床、机械生产控制和小规模生产过程控制。小型 PLC 价格低廉、体积小巧，是 PLC 中生产和应用量较大的产品。

（2）中型 PLC

中型 PLC 输入/输出点数通常从 128 点到 512 点，用户程序存储容量在 16KB 以下，适合开关量逻辑控制和过程参数检测及调试。其主要功能除了具有小型 PLC 的功能外，还有算术运算、数据处理及 A/D 和 D/A 转换、联网通信、远程输入/输出等功能，可用于比较复杂的控制。

（3）大型 PLC

大型 PLC 输入/输出点数在 512 点以上，用户程序存储容量达 16KB 以上。其中输入/输出点数 512 点至 8192 点为大型机，8192 点以上的为超大型机。它是具有高级功能的 PLC，除了具备中小型 PLC 的功能外，还有高速计数等功能，编程可用梯形图、功能表图及高级语言等多种方式进行。

表 3-2 为按照输入/输出点数（I/O）分类的常见 PLC。

表 3-2 可编程序控制器按 I/O 分类表

类型	I/O 点数	存储容量/KB	机型举例
超小型	64 以下	1~2	三菱 FX0、欧姆龙 SP20
小型	64~128	2~4	三菱 F1-60、欧姆龙 C60H
中型	128~512	4~16	三菱 A 系列、欧姆龙 C1000H
大型	512~8192	16~64	莫迪康 984A、西门子 S5-135U
超大型	大于 8192	64~128	莫迪康 984B、西门子 S5-155U

值得注意的是，大中小型 PLC 的划分并无严格的界限，各厂家也存在不同的看法，PLC 的输入/输出点数可按需要灵活配置。不同类型 PLC 的指令及功能还在不断增加，选用时应针对不同厂家的产品具体分析。

3. 按功能分类

按 PLC 功能强弱来分，可大致分为低档机、中档机和高档机三种。

（1）低档机

这种 PLC 具有逻辑运算、定时、计数等功能，有的还增设模拟量处理、算术运算、数据传送等功能，可实现逻辑、顺序、计时计数控制等。

（2）中档机

这种 PLC 除具有低档机的功能外，还具有较强的模拟量输入/输出、算术运算、数据传送等功能，可完成既有开关量控制又有模拟量控制的任务。

（3）高档机

这种 PLC 除具有中档机的功能外，增设了符号运算、矩阵运算等，使运算能力更强，同时还具有模拟调节、联网通信、监控、记录和打印等功能，使 PLC 的功能更多更强，能进行智能控制、远程控制、大规模控制，构成分布式集散控制系统，成为整个工厂的自动化网络。

（二）可编程序控制器的性能指标

PLC 的性能指标可分为硬件指标和软件指标两大类，硬件指标包括环境温度与湿度、抗干扰能力、使用环境、输入特性和输出特性等；软件指标包括扫描速度、存储容量、指令种类、编程语言等。为了简要表达某种 PLC 的性能特点，通常用以下指标来表达：

1. 编程语言

PLC 常用的编程语言有梯形图语言、助记符语言、流程图语言及某些高级语言等，目前使用最多的是前两者。不同的 PLC 可能采用不同的语言。

2. 指令种类

指令种类用于表示 PLC 的编程功能。

3. 输入/输出总点数

PLC 的输入和输出量有开关量和模拟量两种。对于开关量，输入/输出用最大 I/O 点数表示。而对于模拟量，输入/输出点数则用最大 I/O 通道数表示。

4. PLC 内部继电器的种类和点数

PLC 内部继电器包括辅助继电器、特殊继电器、定时器、计数器、移位寄存器等。不同机型的 PLC，其相应内部继电器的点数也不尽相同。

5. 用户程序存储量

用户程序存储器用于存储通过编程器输入的用户程序，其存储量通常是以字（B）为单位来计算的；而有的 PLC 其用户程序存储容量是用编程的步数来表示的，每编一条语句为一步。

6. 扫描速度

扫描速度以 ms/KB 字为单位表示。例如，20 ms/KB 字表示扫描 1KB 字的用户程序需要的时间为 20 ms。

7. 工作环境

一般能在下列条件下工作：温度 0~55℃、湿度＜85%。

8. 特种功能

有的 PLC 还具有某种特种功能。例如，自诊断功能、通信联网功能、监控功能、特殊功能模块、远程输入/输出能力等。

9. 其他

其他性能指标有输入/输出方式、某些主要硬件（如 CPU、存储器）的型号等。

（三）可编程序控制器的典型产品

目前生产 PLC 的厂家很多，不断涌现出系列全、功能强、性能好、价格低的

PLC 产品。在我国使用较多的有如下一些产品：

1. 日本立石（OMRON，欧姆龙）公司的 PLC

在我国引进及市场上销售的进口 PLC 产品中，OMRON 公司的 PLC 属于性能、价格都比较好的产品。C 系列 PLC 有微型、小型、中型和大型四大类包括十几种型号。微型 PLC 以 C20PC 和 C20 为代表；小型 PLC 分为 C120 和 C200H 两种，C120 最多可扩展为 256 点输入/输出，是紧凑型整体结构，C200H 采用多处理器结构，功能整齐且处理速度快，最多可控制 384 点输入/输出；大型 PLC 有 C2000H，输入/输出点数可达 2048 点，同时多处理器和双冗余结构使 C2000H 不仅功能全、容量大，而且速度快。

2. 美国莫迪康（MIDICON）公司的 984 系列

MIDICON 984 系列 PLC 其 CPU 性能强、可选范围广。所有 984 系列 PLC 不论大小型机都使用通用的处理结构，梯形图逻辑编程、通用指令系统包括数学运算、数据传送、矩阵和特殊应用功能等指令。

984 系列 PLC 是一种具有数字处理能力并设计成用于工业和制造业的实时控制系统的专门用途计算机。

3. 德国西门子（SIMENS）公司的 PLC

德国西门子公司是世界上较早研制和生产 PLC 产品的主要厂家之一。其产品具有各种规格以适应各种不同的应用场合，有适合于起重机械或各种气候条件的坚固型；有适用于狭小空间具有高处理性能的密集型；有的运行速度极快且具有优异的扩展能力。它包括从简单的小型控制器到具有计算机功能的大型控制器，可以配置各种输入/输出模块、编程器、过程通信和显示部件等。

西门子公司的 PLC 发展到现在已有很多系列产品，如 S5、S7 系列。其中 S5-10 采用模块式结构，该机型有三种 CPU（100、102、103）可供选择，CPU 档次越高其附加功能越强。S5-H5U 是一种中型 PLC，能完成各种要求比较高的控制任务，有多种 CPU 可满足不同的功能需要。S5-155U 是 S5 系列中最高档次的 PLC，它具有强大的内存能力与很短的运算扫描时间，而且有很强的编程能力，可以用来完成非常复杂的控制任务，它的几个 CPU 可以并行工作，可以实现各种操作和控制、回路调节以及所有过程的监视，可以插装各种智能输入/输出模块，与上位机和现场控制器联网形成网络系统。S7 系列 PLC 是在 S5 系列基础上研制出来的。它由微型 S7-200、中小型 S7-300、中大型 S7-400 组成，其中结构紧凑、价格低廉的 S7-200 适用于小型的自动化控制系统；紧凑型、模块化的 S7-300 适用于极其快速的处理过程或对数据处理能力有特别要求的中小型自动化控制系统。功能极强的 S7-400 适用于大中型自动化控制系统。

4. 日本三菱（MITSUBISHI）公司的 PLC

（1）F 系列

F 系列的 PLC 为整体式（单元式）结构，有基本单元、扩展单元和其他单元。它的输入/输出点数在 60 点以下。用户程序存储容量 10KB 以下，属于小型低档系列，主要用于自动进料、自动装料、输送机等系统的控制。

（2）F1、F2 系列

继 F 系列 PLC 后，三菱公司推出功能更强的小型 F1、F2 系列。它在 F 系列的基础上增加了许多应用指令及特殊单元，如位置控制单元、模拟量控制单元、高速计数单元等，提高了 PLC 的控制能力。F1、F2 系列 PLC 可以方便地组成 12～120 点输入/输出的控制系统。

（3）FX 系列

三菱公司继 F1、F2 系列之后在 20 世纪 80 年代末推出了 FX 系列 PLC，其功能强大、组合灵活，可与模块式 PLC 相媲美。FX 系列有各种点数及各种输出类型的基本单元、扩展单元和扩展模块，它们可以自由混合配置，使系统构造更加灵活方便。

FX 系列 PLC 内部有高性能的 CPU 和专用逻辑处理器，执行、响应速度很快。

（4）其他系列

如 A 系列、AnS 系列、Q 系列、QnA 系列等模块式大型 PLC。

第二节　可编程序控制器结构组成与工作原理

一、可编程序控制器的结构组成

（一）PLC 的基本组成

可编程序控制器的结构多种多样，但其组成的一般原理基本相同。PLC 实质上是一种新型的工业控制计算机，是以微处理器为核心的结构，但比一般的计算机具有更强的与工业过程控制相连接的接口和更直接适应于控制要求的编程语言。因此，PLC 与计算机的结构组成十分相似。

从硬件结构看，可编程序控制器主要由中央处理单元（CPU）、存储器（RAM、ROM）、输入/输出单元（I/O 接口单元）、电源和编程器等组成。

（二）PLC 各组成部分作用

1. 中央处理单元（CPU）

中央处理单元（CPU）是 PLC 的核心，相当于人的大脑，它主要由控制电路、运算器和寄存器组成，其主要作用是按 PLC 中系统程序赋予的功能控制整个系统协调一致地运行，它解释并执行用户及系统程序，通过执行用户及系统程序完成所有控制、处理、通信以及所赋予的其他功能。它的主要任务包括控制从编程器输入的用户程序和数据的接收与存储；用扫描方式通过 I/O 单元部件接收现场的状态或数据，并存入输入映象存储器或数据存储器中；PLC 内部电路的故障和编程错误的自诊断功能，在 PLC 运行状态中从用户程序存储器读取用户指令，经解释后按指令规定的任务执行数据传送、逻辑运算或算术运算；根据运算结果，更新有关标志位状态及输出映象存储器内容，然后经输出单元部件实现输出或数据通信等功能。

PLC 中常用的 CPU 主要采用通用微处理器、单片机和双极型位片式微处理器三种类型。通用微处理器常用的有 8 位微处理器，如 Z80A、Intel8085、M6800 和 6502 等，16 位微处理器，如 Intel8086、M68000；单片机常用的有 8031、8051、8096 等；双极型位片式微处理器常用的有 AM2900、AM2901 和 AM2903 等。

CPU 的性能关系到 PLC 处理控制信号的能力和速度。PLC 的档次越高，CPU 的位数也越多，系统处理的信息量越大，运算的速度也越快，功能指令越强。随着芯片技术的发展，PLC 所用的 CPU 越来越高档，PLC 的性能也越来越先进。

2. 存储器（RAM、ROM）

存储器主要功能是存放程序和数据。程序是 PLC 操作的依据，数据是 PLC 操作的对象。根据存储器在 PLC 系统中的作用不同，可分为系统存储器（ROM）和用户存储器（RAM）。

（1）系统存储器

系统程序是指对整个 PLC 系统进行调度、管理、监视及服务的程序，它决定了 PLC 的基本智能，使 PLC 能完成设计者要求的各项任务。系统存储器用来存放这部分由 PLC 生产厂家编写的程序，并固化在只读存储器 ROM 内，用户不能直接存取、更改。其内容包括三部分：一为系统管理程序，主管控制 PLC 的运行；二为用户指令解释程序，它将所编写的程序语言变为机器指令语言分配给 CPU 执行；三为标准程序模块与系统调用，包括许多有各种功能的子程序及其调用管理程序，如完成输入、输出及特殊运算等功能的子程序，PLC 的性能强弱决定于这部分程序的多少。

（2）用户存储器

用户程序是用户在各自的控制系统中开发的程序。用户存储器用来存放用户针对具体控制任务编制的用户程序，以及存放输入/输出状态、计数/定时的值、中间结果等。由于这些程序或数据根据用户需要会经常改变、调试，故用户存储器多为随机存储器（RAM）。为保证掉电时不会丢失存储的信息，一般用锂电池作为后备电池，锂电池的寿命一般为 5~10 年，若经常带负载一般为 2~5 年。当用户程序确定不变后，可将其写入可擦除可编程只读存储器（EPROM）中。

PLC 具备了系统程序，才能使用户有效地使用 PLC；PLC 系统具备了用户程序，通过运行才能实现 PLC 的功能。一般系统存储器容量的大小决定系统程序的大小和复杂程度，也决定了 PLC 的功能。用户存储器容量的大小，关系到用户程序容量的大小和内部器件的多少，决定了用户控制系统的控制规模和复杂程度，是反映 PLC 性能的重要指标之一。

3. 输入/输出单元（I/O 接口单元）

可编程序控制器作为一种工业控制计算机，它的控制对象是工业过程，它与工业生产过程的联系就是通过输入/输出单元（I/O 接口单元）实现的，它是 PLC 与外界连接的接口。输入/输出单元的作用是将输入信号转换为 CPU 能够接收和处理的信号，将 CPU 送出的微弱信号转换为外部设备需要的强电信号。

通常，PLC 的制造厂家为用户提供多种用途的 I/O 单元。从数据类型上看有开关量和模拟量；从电压等级上看有直流和交流；从速度上看有低速和高速；从点数上看有多种类型；从距离上看可分为本地 I/O 和远程 I/O，远程 I/O 单元通过电缆与 CPU 单元相连，PLC 可放在距 CPU 单元数百米远的地方。由于采用了光耦合器隔离技术，输入/输出单元不仅能完成输入、输出接口电信号传递与转换，而且有效地抑制了干扰，起到与外部电源的隔离作用。

输入接口用来接收和采集两种类型的输入信号，一类是按钮、选择开关、继电器触点、接近开关、光电开关、行程开关、数字拨码开关等开关值输入信号；另一类是电位器、测速发电机和各种变送器等模拟量输入信号。输出接口一般分为继电器输出型、晶体管输出型和晶闸管输出型，用来连接被控对象中各执行元件，如接触器线圈、电磁阀线圈、指示灯、调节阀（模拟量）和调速装置（模拟量）等。

4. 电源

PLC 的供电电源是一般市电，也有用直流 24 V 供电的。PLC 对电源稳定度要求不高，一般允许电源电压额定值在 -15%~10% 的范围内波动。小型整体式可编程序控制器内部有开关式稳压电源，一方面用于对 PLC 的 CPU 单元、I/O 单元或扩展单元供电（DC 5 V），另一方面提供 DC 24 V 可用作外部输入元件（传感器）的供电电源。

5. 编程器

编程器是 PLC 重要的外围设备。利用编程器可以将用户程序送入 PLC 的用户存储器，还可以利用编程器检查程序、修改程序；利用编程器还可以监视PLC的工作状态。

编程器按结构可分为三种类型：

（1）手携式编程器

这种编程器又称为简易编程器，通常直接与PLC上的专用插座相连，由CPU给编程器提供电源。外形与普通计算器差不多，一般只能用助记符指令形式编程，通过按键将指令输入，并由显示器加以显示，它只能联机编程，对PLC的监控功能少，便于携带，适合于小型PLC。

（2）带有显示屏的编程器

这种编程器又称为图形编程器，具有LCD或CRT图形显示功能。图形显示屏用来显示编程内容，也可以提供各种其他必要的信息，如输入、输出、辅助继电器的占用情况、程序容量等。此外，在调试、检查程序时，也能显示各种信号、状态、错误提示等信息。

这种编程器既可联机编程，又可脱机编程，可用多种编程语言编程，特别是可以直接编写梯形图，十分直观，可与多种输出设备相连，且具有较强的监控功能，但价格较高，适用于大中型PLC。

（3）通用计算机作为编程器

在通用的个人计算机上添加适当的硬件接口和编程软件包，即可实现对PLC的编程，可以直接编制并显示梯形图。由于个人计算机相对比较普及，而PLC软件功能不断完善、强大，这种方式的编程越来越多被用户采纳，可以在线编程或离线编程，并便于进行监控。个人计算机与PLC之间借助编程软件，通过相应的通信电缆，可实现数据的传递与交换。

6. 其他设备

PLC还配有其他外围设备，如盒式磁带机、EPROM写入器、存储器卡等。

二、可编程序控制器的编程语言

PLC作为一种工业控制计算机，面临着不同的用户、不同的控制任务。不同的控制任务除了要求用户选择合适的PLC外，更体现在控制过程的千变万化。PLC作为一种先进的工业自动化控制装置之所以备受青睐，其最大的一个特点"可编程序"功不可没。

PLC提供了完整的编程语言，但不同的厂家，甚至不同型号的PLC的编程语言只能适应自己的产品。目前PLC常用的编程语言有三种：梯形图编程语言（LAD）、指令语句表编程语言（STL）、功能图编程语言（SFC）。梯形图编程语言形象直观，类似电气控制系统中继电器-接触器控制电路图，逻辑关系明显；指令语句表示编程语言虽然不如梯形图编程语言直观，但输入方便；功能图编程语言是一种较新的编程方法，适合于"步进控制"。

利用PLC编程语言，用户按照不同的控制要求编制不同的控制任务用户程序，相当于设计和改变继电器-接触器控制的"硬接线"控制线路，只不过这里采用了"软继电器"等逻辑部件以"软接线"来实现输入信号与输出被控对象之间的逻辑关系，这就是PLC的"可编程序"。程序既可由编程器方便地送入PLC内部存储器中，也能方便地读出、检查和修改。

（一）梯形图编程语言（LAD）

该语言习惯上称作"梯形图"，它是在继电器-接触器控制系统中常用的接触器、继电器逻辑控制基础上演变而来的。PLC梯形图与继电器-接触器控制系统原理图相呼应，在基本思想上是一致的，只是在表达方式、器件符号上有一定区别，如图3-1所示。PLC梯形图使用其内部的"软器件"通过软件程序来实现。

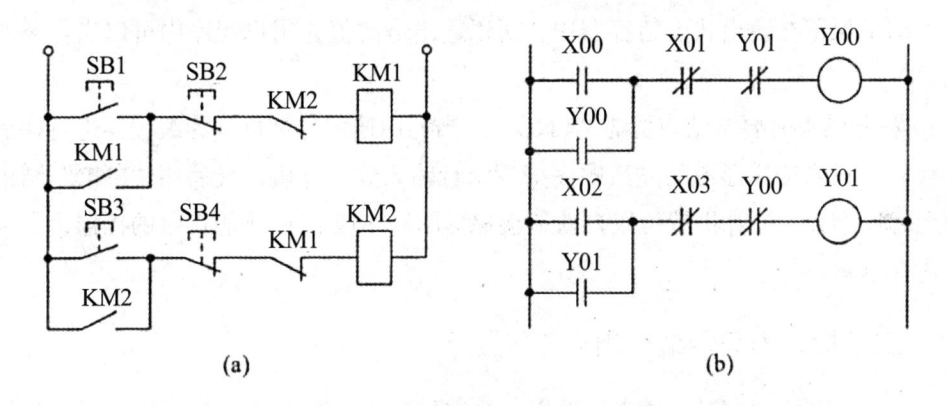

图 3-1 继电器-接触器控制系统原理图和PLC梯形图
（a）继电器-接触器控制系统原理图；（b）PLC梯形图

梯形图按"从左到右、自上而下"的顺序排列。最左边的竖线称为"起始母线"或"左母线"，然后按一定的控制要求和规则连接各个"软触点"，最后以继电器"软线圈"结束，称为一逻辑行或一梯级，一般在最右边还加上一条竖线，这一竖线被称为"右母线"。通常一个梯形图中有若干逻辑行或梯级，形似梯子，如图3-1（b）所示，梯形图由此得名。其主要特点是形象直观、实用方便、修改灵活，深受技术人员喜爱，是目前使用最多的一种PLC编程语言，因此又被称为"用户第一语言"。

PLC的梯形图是形象化的编程语言，虽然其基本思想与继电器-接触器控制系统原理图相似，但PLC梯形图左右两侧的母线不接任何电源。梯形图中并没有真实的物理电流流动，而仅仅是概念上的"电流"，或称为假想电流。把PLC梯形图中左边母线假想为电源相线，右母线假想为电源地线，假想电流只能"从左向右"流动，层次只能"先上后下"。这里引入假想电流仅仅是用于说明如何理解梯形图各输出点的动作，实际上并不存在这种电流。PLC 梯形图编程原则如下：

① 梯形图中的触点为"软触点"，只有常开触点和常闭触点，它可以是与 PLC 输入端相连的外部开关（按钮、行程开关、传感器等）对应触点，但通常是 PLC 内部继电器触点或内部寄存器、计数器等的状态。PLC 内每种触点都有自己特殊的编号，以示区别。同一编号的触点有常开的和常闭的，可多次使用，便于编程。

② 梯形图中的输出线圈为"软线圈"，用圆圈表示，它包括输出继电器线圈、辅助继电器线圈以及计数器、定时器逻辑运算结果。只有线圈接通后，对应的触点才能动作。

③ 梯形图中触点可以任意串联或并联，但线圈只能并联不可串联。

④ 内部继电器、计数器、移位寄存器等均不能控制外部被控负载，只能做中间结果供 PLC 使用，只有输出继电器才能驱动外部负载。

⑤ PLC 是按循环扫描的工作方式沿梯形图的先后顺序执行程序的，同一扫描周期中的结果保留在输出状态暂存器中，所以输出点的值在用户程序中可以当作条件使用。

⑥ 程序结束时要有结束标志"END"。当利用通用计算机作为编程器进行梯形图编程时，只要按梯形图的先后顺序把逻辑行输入到计算机，最后用"END"结束符表示程序结束，计算机就可以自动地将梯形图转换成 PLC 所能接收的机器语言并存入内存单元。

（二）指令语句表编程语言（STL）

类似于计算机中的汇编语言，采用一些容易记忆的助记符来表示 PLC 的某种操作，也是由操作符和操作数两部分组成，但比汇编语言更直观易懂。

操作符用助记符表示（如"LD"表示"取"，"OR"表示"或"，"AND"表示"与"等），用来执行要实现的功能，告诉 CPU 该进行什么操作，例如逻辑运算的"与""或""非"，算术运算的"加""减""乘""除"，时间或条件控制中的"计时""计数"和"移位"等功能。

操作数一般由标识符和参数组成，表示被操作的对象或目标。标识符表示操作数的类别有多种，例如表明是输入继电器（X）、输出继电器（Y）、定时器（T）、计数器（C）、数据寄存器（D）等。参数表明操作数的地址或一个预先设定值。指令语句表是采用 PLC 助记符语言，根据基本的逻辑运算"与""或""非"。加上输入、输出继电器编号组成的指令。与图 3-1（b）梯形图相应的指令语句表如表 3-3 所示。

表 3-3　指令语句表

步序	操作符（助记符）	操作数	步序	操作符（助记符）	操作数
0	LD	X00	6	OR	Y01
1	OR	Y00	7	AND	X03
2	AND	X01	8	AND	Y00
3	AND	Y01	9	OUT	Y01
4	OUT	Y00	10	END	
5	LD	X02			

指令语句表每条指令写一行，左边为步序号，中间为操作符（助记符），右边为器件编号或定时器、计数器的设定常数 K 值，器件的编号和 K 值合称为操作数。需要指出的是，不同厂家的 PLC 指令语句表使用的助记符并不相同，用户必须先弄清楚 PLC 的型号及内部器件编号、使用范围和每一条助记符的使用方法。

（三）功能图编程语言（SFC）

功能图编程语言是一种较新的编程方法，目前国际电工协会正在实施和发展这种新的编程标准，它采用与控制系统流程图一样的功能图表达一个顺序控制过程。

三、可编程序控制器的工作原理

（一）PLC 的等效电路

PLC 虽然是一种以微处理器为核心的工业控制计算机，在应用时却不必从计算机的角度去做深入了解。从工作情况看，PLC 与继电器-接触器控制系统分析过程相似，但在 PLC 中，继电器、定时器和计数器等逻辑顺序控制是用编程的方法实现的。为了便于理解 PLC 的工作原理和工作过程，因此采用等效电路来表示可编程序控制器。

PLC 等效电路主要由输入部分、输出部分和 PLC 内部控制电路组成。输入部分的作用是收集被控设备的信息或操作指令，图中若干个输入端外接按钮、开关等的触点通过硬接线与 PLC 输入端相连，而在 PLC 内部连接到输入继电器 X 的"软线圈"。输出部分的作用是驱动外部被控负载，PLC 输出端外部通过硬接线接到用户被控设备，而在 PLC 内部则连接输出继电器 Y 的"硬触点"。内部控制电路的作用是对从输入部分得到的信息进行运算、处理，并判断哪些功能应输出。这部分建立起从 PLC 输入端信号到 PLC 输出端负载之间的联系，通过用户根据控制任务要求编写的用户程序来实现逻辑控制的"软接线"。PLC 内部还有许多"软继电器"或继电器"软触点"

电气控制与PLC原理及应用

和"软接线",这些都是根据编程软件即"用户程序"来工作的。

下面以最简单的三相异步电动机连续工作控制为例来说明继电器－接触器控制电气原理图(硬接线)与PLC硬接线、PLC梯形图(软接线)的对应关系,如图3-2所示。

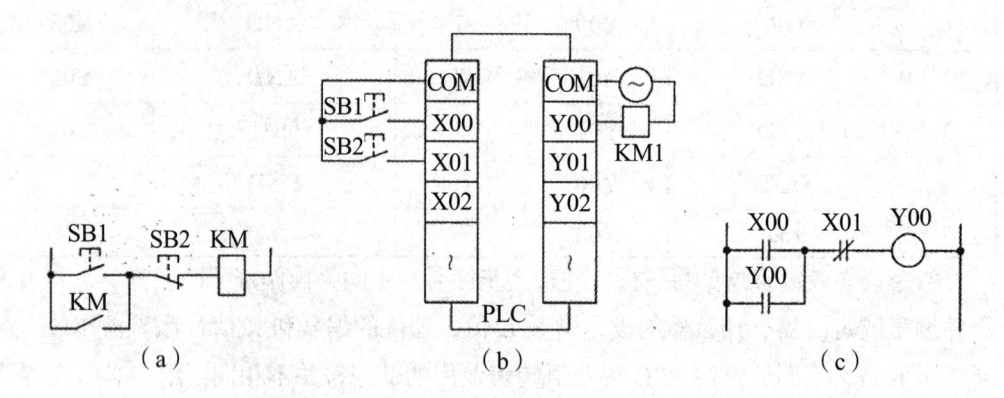

图3-2 三相异步电动机的PLC控制
(a)继电器－接触器控制电路;(b)PLC的硬接线图;(c)PLC梯形图程序(软接线)

图3-2中三相异步电动机的主电路未画,以接触器线圈KM1为执行元件。图3-2(a)为继电器－接触器控制电路,图3-2(b)为PLC的硬接线图,图3-2(c)为实现该控制的PLC梯形图程序(软接线)。在输入端,启动按钮SB1接X00,停止按钮SB2接X01,均接到输入公共端COM;在输出端,接触器线圈KM1接Y00,输出公共端COM上接电源。

在图3-2(a)中,SB1为启动按钮,SB2为停止按钮,系统通过硬接线实现逻辑控制。为了使PLC能实现三相异步电动机的连续工作控制,在PLC硬接线接好以后,用编程器将图3-2(c)梯形图程序输入到PLC中,PLC就可按照预定的控制方案工作。在输入部分,当按钮SB1被按下时,输入继电器X00"软线圈"被接通;PLC内部控制电路中,输入继电器X00"软触点"动合触点闭合,输出继电器Y00"软线圈"接通,内部控制电路中输出继电器Y00"软触点"动合触点闭合并进行自锁;同时在输出部分,输出继电器Y00外部"硬触点"动合触点闭合,使被控负载接触器线圈KM1通电,电动机运转。当停止时,按下按钮SB2,输入部分输入继电器X01"软线圈"被接通,内部控制电路输入继电器X01"软触点"动断触点断开,输出继电器Y00"软线圈"断开,Y00"软触点"动合触点断开,输出部分输出继电器Y00外部"硬触点"动合触点断开,被控负载接触器线圈KM1断电,电动机停转。

由上例可见,继电器－接触器控制是通过各独立器件及其触点以固定"硬接线"连接方式来实现控制的。而PLC控制是将被控制对象对控制的要求以软件编程"软接线"的方式存储在PLC中,其内容就相当于继电器－接触器控制的各种线圈、触点的连线。当控制要求改变时,只要改变存储程序的内容,无须改变PLC硬接线,就可改变输入端信号与输出端被控对象的逻辑控制关系,因而增加了控制的灵活性和通用性,这也就是 PLC 最大的特点:可编程,即同一个硬件可以实现许多不同的控制。

(二) PLC 的工作过程

PLC 上电后,在系统程序的监控下,周而复始地按一定的顺序对系统内部的各种任务进行查询、判断和执行,这个过程实质上是按顺序循环扫描的过程。PLC 采用循环扫描的工作方式,整个扫描过程分为初始化、内部处理、通信信息处理、输入处理、程序执行、输出处理几个阶段。执行一次全过程循环扫描所需要的时间称为扫描周期。

1. 初始化阶段

PLC 上电后,进行系统初始化,清除内部继电器区,复位定时器等。

2. 内部处理阶段

PLC 在每个扫描周期都要进入内部处理阶段,主要完成 CPU 自诊断,对电源、PLC 内部电路、用户程序的语法进行检查;定期复位监控定时器等,以确保系统可靠运行。

3. 通信信息处理阶段

在每个通信信息处理扫描阶段,进行 PLC 之间以及 PLC 与计算机之间的信息交换;PLC 与其他带微处理器的智能模块通信,例如智能 I/O 模块,在多处理器系统中,CPU 还要与数字处理器(DPU)交换信息;响应编程器键入的指令,更新编程器的显示内容等。

4. 输入处理阶段

输入处理也叫输入采样。PLC 在此阶段,顺序读入所有输入端子的通、断状态,并将读入的信息存入内存中所对应的映像寄存器,此时输入映像寄存器被刷新。接着进入程序执行阶段,在程序执行时,输入映像寄存器与外界隔离,即使输入信号状态发生变化,其映像寄存器的内容也不会发生变化,只有在下一个扫描周期的输入处理阶段才能读入新的状态信息。

5. 程序执行阶段

根据 PLC 梯形图程序扫描原则"先左后右、先上后下"逐句扫描,执行程序。但如果遇到程序跳转指令,则根据跳转条件是否满足来决定程序的跳转地址。当用户程序涉及输入/输出状态时,PLC 从输入映像寄存器中读出上一阶段采入的对应输入端子状态,从输出映像寄存器读出对应映像寄存器的当前状态;根据用户程序进行逻辑运算,运算结果再存入有关器件映像寄存器中。对每个器件而言,器件映像寄存器中所寄存的内容会随着程序执行过程而变化。

6. 输出处理阶段

程序执行完毕后,进入程序处理阶段,将输出映像寄存器即器件映像寄存器中的 Y 寄存器的状态,在输出处理阶段转存到输出锁存器,通过隔离电路,驱动功率放大电路,使输出端子向外界输出控制信号,驱动外部被控负载。

PLC 周而复始地循环扫描,执行上述整个过程,直至停机。用户程序在 PLC 循环扫描工作方式下的工作过程,分为三个阶段:输入采样阶段、程序处理阶段和输出刷新阶段。

PLC 的扫描既可按固定的顺序进行,也可按用户程序所指定的可变顺序执行。这不仅因为有的程序不需每扫描一次就执行一次,而且也因为在一些大系统中需要处理的 I/O 点数多,通过安排不同的组织模块,采用分时分批扫描的执行方法,可缩短循环扫描的周期和提高控制的实时响应性。

循环扫描的工作方式是 PLC 的一大特点,也可以说 PLC 是"串行"工作的,这和传统的继电器－接触器控制系统"并行"工作有质的区别。PLC 的串行工作方式避免了继电器－接触器控制系统中触点竞争和时序失配的问题,大大改善了系统的性能。

因 PLC 采用扫描工作方式,则输入/输出状态会保持一个扫描周期,或者说,全部输入/输出状态的改变,都需要一个扫描周期。扫描周期是 PLC 一个很重要的指标,小型 PLC 的扫描周期一般为十几毫秒到几十毫秒,PLC 的扫描时间取决于扫描速度和用户程序长短。毫秒级的扫描时间对于一般工业设备通常是可以接受的,PLC 的响应滞后是允许的。但是对于某些要求 I/O 快速响应的设备,则应采取相应的处理措施,如选用高速 CPU 提高扫描速度,采用快速响应模块、高速计数模块以及不同的中断处理等措施减少滞后时间。对于用户来说,选择合适的 PLC、合理地编制程序是缩短响应时间的关键。

第三节 可编程序控制器编程基本指令及编程

一、FX2N 系列可编程序控制器编程元件

PLC 的内部有许多具有一定功能的编程元件,这些元件由电子电路和存储器组成。为了将其与普通的继电器区别出来,通常把它们称为"软继电器"。从编程的角度,我们可以不管这些器元件的物理意义,只注重它们的功能,统一把它们称为"(软)

元件"。按每种"元件"的功能定义一个名称,如输入继电器、输出继电器、定时器、计数器等。为了编程的需要,每一个元件都给定一个编号(或称地址)。

(一)输入继电器(X)

输入继电器是 PLC 专门用来接收从外部开关元件或敏感元件发来的信号的器件,符号为"X"。每一个输入继电器"软线圈"都与相应的 PLC 输入端子相连,它是一个经光电隔离的电子继电器,可以提供若干个(无限制)常开(动合)触点和常闭(动断)触点供编程时使用(实质为调用该元件的状态)。

输入继电器"软线圈"只能由外部信号(如按钮、行程开关、接触器触点、敏感元件等)来驱动,不能在程序内用指令驱动。输入点的状态在每次扫描开始时采样,采样结果以"1"或"0"方式写入输入映象寄存器,作为程序处理时输入点状态"通"或"断"的根据。

输入继电器用八进制数字进行编号,其数值根据使用的 PLC 型号是基本单元还是扩展单元而确定,具体编号为 X000 ~ X007,X010 ~ X017,X020 ~ X027,…,FX2N 的输入继电器最多可达 256 个点。

在特定的输入继电器的输入滤波中采用数字滤波器,利用程序可以改变其滤波值。因此,在旨在高速接收的应用中,要分配其输入继电器地址号。

(二)输出继电器(Y)

输出继电器是 PLC 用来传送信号到执行机构的元件,符号为"Y"。每一个输出继电器有且仅有一个外部输出触点(硬触点)连接到对应的 PLC 输出端子上,用于直接驱动外部负载。

输出继电器"软线圈"的通断状态由程序的执行结果决定。输出继电器可以提供无数对供编程使用的内部常开(动合)触点和常闭(动断)触点——使用次数不受限制。

输出继电器也用八进制数字进行编号,其数值根据使用的 PLC 型号是基本单元还是扩展单元而确定,具体编号为 Y000 ~ Y007,Y010 ~ Y017,Y020 ~ Y027,…,FX2N 的输出继电器最多可达 256 点。

(三)辅助继电器(M)

PLC 中有若干辅助继电器,其作用相当于继电器 – 接触器控制系统中的中间继电器,符号为"M"。中间继电器并不直接驱动外部负载,只起到中间状态的寄存作用或信号转移、传递作用。辅助继电器中有一些具有特殊功能的特殊辅助继电器,具有定时时钟、进 / 借位标志、启动 / 停止、单步运行、通信状态、出错标志等功能。

辅助继电器线圈的通断状态由 PLC 中间运算结果决定,其驱动方式与输出继电器线圈相同，即通过程序来进行。辅助继电器可以提供若干常开(动合)触点和常闭(动断)触点供编程使用，但这些触点不能直接驱动外部负载，外部负载的驱动必须通过输出继电器来实现。

1. 通用辅助继电器（M0 ~ M499）

通用辅助继电器按十进制地址编号，为 M0 ~ M499，共 500 点（在 FX2N 系列 PLC 中，除输入/输出继电器外，其他所有器件都是十进制编号）。通用辅助继电器可通过参数设置改为掉电保持使用。

2. 掉电保持辅助继电器（M500 ~ M1023）

根据不同的控制对象和控制要求，希望 PLC 运行时若发生掉电能够保存掉电前的瞬间状态，并在复电再运行时能够再现该状态继续运行，掉电保持辅助继电器就是用于此场合下达到目的的期间，编号为 M500 ~ M1023，共 524 点。掉电保持继电器由 PLC 内部的后备锂电池支持，它也可以通过参数设置方法改为非掉电保持用。两台 PLC 并联时，M800 ~ M999 保留做点对点通信用，不再作为掉电保持辅助继电器。

具有掉电保持功能的辅助继电器在 X0 接通后，M500 动作，常开触点闭合。其后在 PLC 不掉电情况下即使 X0 断开，M500 也能保持接通状态，这是因为电路具有自锁功能；如果 PLC 在运行时掉电，因为 M500 具有掉电保持功能，其掉电前瞬间状态（接通）被保留下来，即 M500 线圈保持接通，常开触点保持闭合，PLC 再复电时，不需 X0 接通就可以使 M500 一直保持接通状态。如果 X1 断开，则 M500 复位，M500 线圈断开，常开触点也随之断开。

3. 掉电保持专用辅助继电器（M1024 ~ M3071）

掉电保持专用辅助继电器编号为 M1024 ~ M3071，共 2048 点，其掉电保持特性不可改变。

4. 特殊辅助继电器（M8000 ~ M8255）

PLC 内有 256 个特殊辅助继电器，编号为 M8000 ~ M8255，这些特殊辅助继电器各自具有特定的功能，通常分为下面两大类：

（1）只能利用其触点的特殊辅助继电器

线圈只能由 PLC 系统自动驱动，用户只可以利用其触点。

M8000 为运行（RUN）监控用，在 PLC 运行时 M8000 线圈自动接通。

M8002 为仅在运行开始瞬间接通的初始脉冲特殊辅助继电器。

M8012 为产生 100 ms 时钟脉冲的特殊辅助继电器。

（2）可驱动线圈型特殊辅助继电器

用户激励其线圈后，PLC 做特定动作。

M8030 为锂电池电压指示灯特殊辅助继电器，当锂电池电压跌落时，M8030 动作，指示灯亮，提醒维修人员，需要更换锂电池。

M8033 为 PLC 停止时输出特殊辅助继电器。

M8034 为禁止全部输出特殊辅助继电器。

M8039 为定时扫描特殊辅助继电器。

需要说明的是，未经定义的特殊辅助继电器不可在用户程序中使用。

（四）状态器（S）

状态器是构成状态转移图的重要软元件，它与步进顺控指令 STL 在编程时配合使用，符号为"S"。通常情况下状态器有以下 5 种类型，其中通用与保持 S 元件数的分配可以通过参数设置方式加以改变。

①初始状态器（S0~S9），共 10 点。

②回零状态器（S10~S19），共 10 点

③通用状态器（S20~S499），共 480 点。

④保持状态器（S500~S899），共 400 点。

⑤报警用状态器（S900~S999），共 100 点，这 100 个状态器器件可做外部故障诊断输出。

步进顺序控制的工作过程为：启动信号 X0 接通，S20 置位，状态为 ON，S20 块的动作执行，即下降电磁阀 Y0 动作；下降到位，下限限位信号 XI 被触发，变为 ON，则状态器 S21 置位，同时 S20 复位，S21 块的动作执行，夹紧电磁阀 Y1 动作；夹紧到位后触发信号 X2 变为 ON，状态 S22 置位，同时 S21 复位，S22 块的动作执行，上升电磁阀 Y2 动作。如此过程，体现了控制过程的步进与顺序特点。

从上述例子看出，随着状态动作的转移，原来的状态器自动复位（下一状态经触发置位为 ON，则上一状态同时自动动复位为 OFF）。各状态器的常开和常闭触点在 PLC 内可以自由使用，且使用次数不限。不用进行步进顺控工序地址时，状态器与辅助继电器 M 一样，可作为普通的触点/线圈进行编程。

（五）定时器（T）

定时器在 PLC 中的作用相当于继电接触器控制系统中的时间继电器，可用于控制中"时间"的操作，符号为"T"。它有一个设定值寄存器、一个当前值寄存器以及无限个触点。对于每一个定时器，这三个量使用同一个名称，但使用场合不一样，其所指也不同。通常在一个 PLC 中有几十至数百个定时器 T。

在 PLC 内的定时器是根据时钟脉冲累积计时的，时钟脉冲有 1 ms、10 ms、100 ms 三档，当所计时间到达设定值时，定时器输出触点动作。定时器可以由用户通过程序

存储器内的常数 K 设置设定值，也可以用后述的数据寄存器 D 的内容作为设定值，这里所指的数据寄存器应具有断电保持功能。

1. 常规定时器（T0～T245）

100 ms 定时器 T0～T199 共 200 点，时间精度为 0.1 s，每个设定值范围为 0.1～3276.7 s；10 ms 定时器 T200～T245 共 46 点，时间精度为 0.01 s，每个设定值范围为 0.01～327.67 s。

当驱动输入 X0 接通时，地址编号为 T200 定时器中的当前值计数器对 10 ms 时钟脉冲进行累积计数，当该值与设定值 K150 相等时，定时器的输出触点就接通，即经 150×0.01 s=1.50 s 后，输出触点动作。驱动输入 X0 断开或出现断电时，计数器复位，则 T200 的输出触点也复位。

若在子程序和中断程序中使用定时器，则器件编号为 T192～T199，其他定时器在子程序中不能正确定时。这里的定时器，在执行 END 指令时计数值变更。当到达设定值后，在执行线圈指令或 END 指令时输出触点接通。

2. 积算定时器（T246～7255）

T246～T249 为 1 ms 积算定时器，共 4 点，每点设定值范围为 0.001～32.767 s；T250～T255 为 100 ms 积算定时器，共 6 点，每点设定值范围为 0.1～3276.7 s。

定时器 T250 线圈的驱动输入 XI 接通时，T250 的当前值计数器开始累积 100 ms 的时钟脉冲的个数，当该值与设定值 K456 相等时，定时器的输出触点接通。定时器 T250 为积算型，计数中途即使输入 XI 断开或发生断电，定时器当前值也可保持；输入 X1 再接通或复电时，计数继续进行，当其累积时间为 456×0.1=45.6 s 时定时器触点动作。当复位输入 X2 接通时，则计数器就复位，定时器输出触点也复位。

（六）计数器（C）

1. 内部计数器的分类和元件号

内部计数器是在执行扫描操作时对内部元件的信号进行计数的计数器，符号为"C"。因此，其接通（状态 ON）时间和断开（状态 OFF）时间应比 PLC 的扫描周期略长，通常其输入信号频率为几个扫描周期/s。内部计数器的分类和元件号见表 3-4。

表 3-4 内部计数器的分类和元件号

	16 位顺计数器 0～32 767 计数		32 位增/减计数器 2 147 483 648～2 147 483 647 计数	
	一般用	掉电保持用	一般用	特殊用
FX2N，FX2NC 系列	C0～C99 100 点	C100～C199 100 点	C200～C219 20 点	C220～C234 15 点

表 3-4 中 32 位的增 / 减计数器 C200 ~ C234 的计数方向（增计数或减计数）由特殊辅助继电器 M8200 ~ M8234 设定，见表 3-5。

表 3-5　32 位增 / 减计数器计数方向设定对应表

计数器	方向切换	计数器	方向切换	计数器	方向切换	计数器	方向切换
C200	M8200	C209	M8209	C218	M8218	C226	M8226
C201	M8201	C210	M8210	C219	M8219	C227	M8227
C2O2	M82O2	C211	M8211	/	/	C228	M8228
C203	M8203	C212	M8212	C220	M8220	C229	M8229
C204	M82O4	C213	M8213	C221	M8221	C230	M8230
C205	M8205	C214	M8214	C222	M8222	C231	M8231
C206	M8206	C215	M8215	C223	M8223	C232	M8232
C207	M82O7	C216	M8216	C224	M8224	C233	M8233
C208	M8208	C217	M8217	C225	M8225	C234	M8234

2. 内部计数器功能和动作原理

（1）16 位计数器功能和工作原理

16 位计数器功能和工作原理如图 3-3 所示，X11 为计数输入，X10 为计数复位。每次 X11 接通时，计数器当前值加 1，当计数器的当前值为 10，即计数输入达到设定值第 10 次时，计数器 C0 的输出触点接通，之后即使输入 X11 再接通，计数器的当前值都保持不变。当复位输入 X10 接通（ON）时，执行 RST 指令，计数器当前值复位为 0，输出触点也断开（OFF）。

计数器的设定值除了可由常数 K 设定外，还可间接通过指定数据寄存器的元件号来设定，如指定 D10，而 D10 的内容为 123，则与设定 K123 相同。

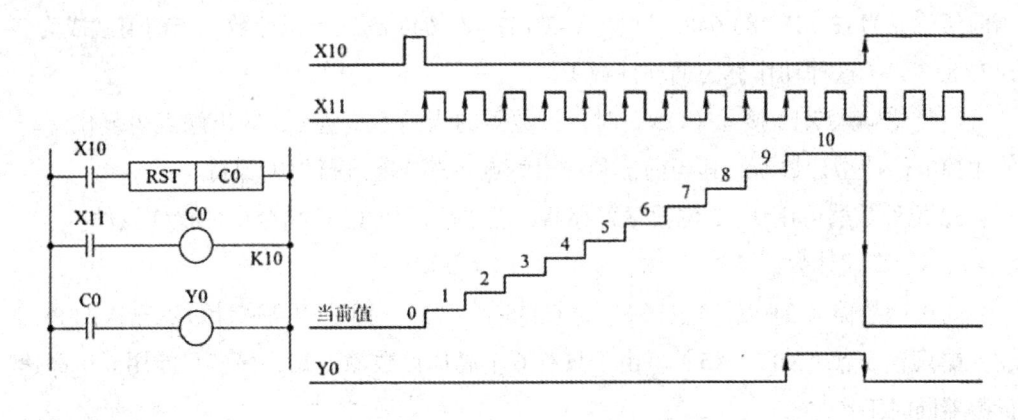

图 3-3　16 位计数器工作原理

（2）32位双向计数器工作原理

32位双向计数器工作原理如图3-4所示。

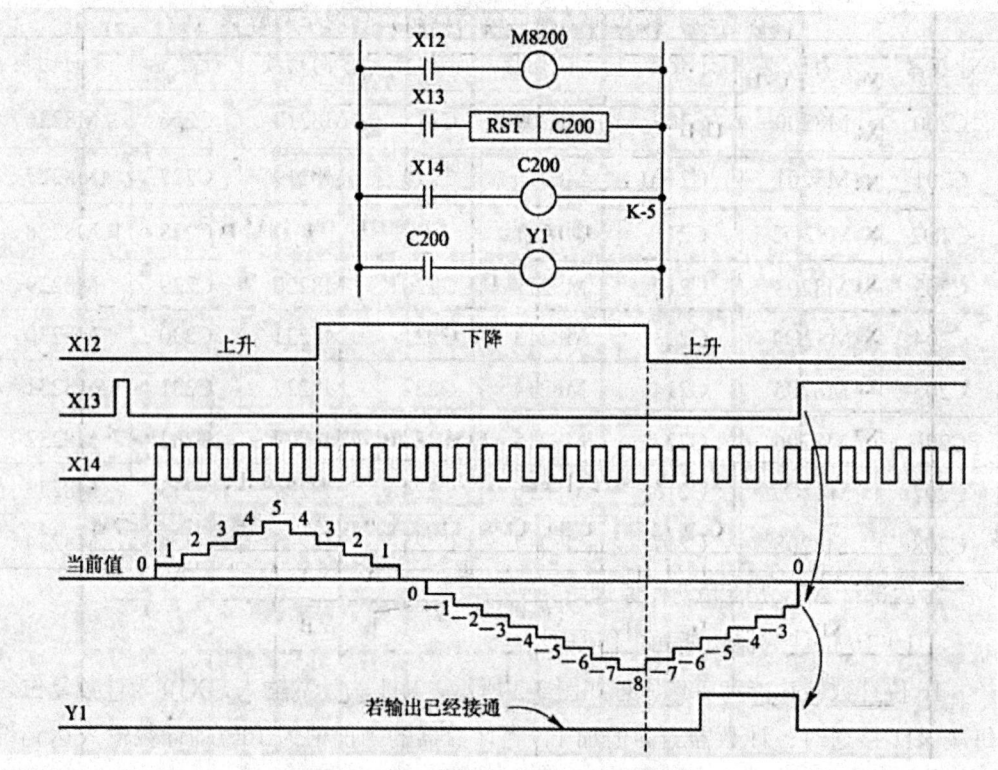

图3-4 32位双向计数器工作原理

X14作为计数输入，驱动C200线圈进行加计数或减计数，当计数器的当前值由-6～-5（增加）时，其触点接通（置1）；由-5～-6（减少）时，其触点断开（置0）。

当前值的增减虽与输出触点的动作无关，但从+2 147 483 647起再进行加计数，当前值就成为-2 147 483 648。同样从-2 147 483 648起进行减计数，当前值就成为2 147 483 647（这种动作称为循环计数）。

当复位输入X13接通（ON）时，计数器的当前值就为0，输出触点也复位。若使用掉电保持型计数器，其当前值和输出触点状态均能进行停电保持。

32位计数器可用作32位数据寄存器，但不能用作16位指令中的操作元件。

（3）高速计数器

高速计数器共21点，地址编号为C235～C255，但适用高速计数器输入的PLC输入端只有6点（X0～X5）。由于只有6个高速计数输入端，最多只能用6个高速计数器同时工作。

高速计数器的选择并不是任意的，它取决于所需计数的类型及高速输入端子。高速计数器均为 32 位双向计数器，见表 3-6。类型如下：1 相无启动 / 复位端子高速计数器 C235～C240；1 相带启动 / 复位端子高速计数器 C241～C245；1 相 2 输入（双方）高速计数器 C246～C250；2 相 2 输入（A、B 型）高速计数器 C251～C255。

表 3-6　高速计数器表

	1 相 1 计数输入										
	C235	C236	C237	C238	C239	C240	C241	C242	C243	C244	C245
X0	U/D						U/D			U/D	
X1		U/D					R			R	
X2			U/D					U/D			U/D
X3				U/D				R	U/D		R
X4					U/D				R		
X5						U/D					
X6										S	
X7											S

	1 相 2 计数输入					2 相 2 计数输入				
	C246	C247	C248	C249	C250	C251	C252	C253	C254	C255
X0	U	U		U		A	A		A	
X1	D	D		D		B	B		B	
X2		R		R			R		R	
X3			U		U			A		A
X4			D		D			B		B
X5			R		R			R		R
X6				S					S	
X7					S					S

注：U—增计数输入；D—减计数输入；A—A 相输入；B—B 相输入；R—复位输入；S—启动输入

X6 和 X7 也是高速输入，但只能用作启动信号而不能用于高速计数。不同类型的计数器可同时使用，但它们的输入不能共用。

高速计数器是根据中断原则运行的，因而它独立于扫描周期，选定计数器的线圈应以连接方式驱动以表示这个计数器及其有关输入连续有效，其他高速处理不能再用其输入端子。

（七）数据寄存器（D）

在进行输入/输出处理、模拟量控制、位置控制时，需要许多数据寄存器存储工作数据和参数，数据寄存器符号为"D"。数据寄存器为16位，最高位为符号位，可用两个数据寄存器合并起来存放32位数据，最高位仍为符号位。

1. 通用数据寄存器（D0～D199）

通用数据寄存器共200点，编号为D0～D199。该类数据寄存器只要不写入其他数据，已写入的数据不会变化，不过当PLC状态由运行（RUN）转换到停止（STOP）时，全部数据均清零。但是值得注意的是，当特殊辅助继电器M8031置1时，PLC由运行转换到停止时，数据可以保持。

2. 掉电保持数据寄存器（D200～D511）

掉电保持数据寄存器共312点，编号为D200～D511。只要不改写其中数据，原有数据值就不会丢失。不论电源是否接通，PLC运行与否，该类数据寄存器内的内容都不会变化。

在两台PLC作点对点的通信时，D490～D509被用作通信操作。

3. 掉电保持专用数据寄存器（D512～D7999）

掉电保持专用数据寄存器共7488点，编号为D512～D7999，参数设置无法改变其保持与否的性质。但通过参数设置可将D1000以后的最多7000点即D1000～D7999设为文件寄存器。

文件寄存器是一类专用数据寄存器，用于存储大量的数据，例如采集数据、统计计算数据、多组控制数据等。FX2N系列PLC从D1000开始，以500点为一个单位，最多可设置14个。其中不做文件寄存器的部分，仍可作为一般使用的掉电保持专用数据寄存器。

4. 特殊数据寄存器（D8000～D8255）

特殊数据寄存器共256点，编号为D8000～D8255。这些数据寄存器供监控PLC中各种元件的运行方式用，其内容在电源接通时写入初始化值。未定义的特殊数据寄存器用户不能使用。

（八）变址寄存器（V/Z）

顾名思义，变址寄存器通常用于修改器件的地址编号。FX2N共有V0～V7、Z0～Z7八对变址寄存器，V和Z都是16位的数据寄存器，可以像其他的数据寄存器一样进行数据的读与写。若进行32位操作，可将V、Z合并使用，指定Z为低位，分别成为（V0，Z0），（V1，Z1），（V2，Z2），…，（V7，Z7）。

（九）指针（P/I）

指针用于分支与中断。

分支指令用指针来指定 FNC00（CJ）条件跳转与 FNC01（CALL）子程序调用等分支指令的跳转目标。在编程时，标号不能重复使用。

中断用的指针"1"指定输入中断、定时器中断与计数器中断的中断程序。中断用指针 10□□～18□□有三种类型，即输入中断、定时器中断和计数器中断。

使用中断指针时应当注意：

①中断指针必须编在 FEND 指令后面作为标号。

②中断点数不能多于 15 点。

③中断嵌套级不能多于 2 级。

④中断指针中百位数上的数字不可重复使用。

⑤用于中断的输入端子，就再也不能用于 SPD 指令或其他高速处理。

（十）常数（K/H）

常数也可认为是元件，它在存储器中占用一定的空间。K 表示十进制整数值，如 18 表示成 K18；H 表示十六进制数值，如 18 表示为 H12。它们用作定时器与计数器的设定值与当前值，或应用指令的操作数。

二、FX2N 系列可编程序控制器编程基本指令

（一）逻辑及线圈驱动指令

LD：常开触点逻辑运算开始指令。

LDI：常闭触点逻辑运算开始指令。

OUT：驱动线圈指令。

LD、LDI、OUT 指令使用说明：

① LD、LDI 指令用于与起始母线相连的触点；此外，这些指令与后述的 ANB、ORB 指令配合使用于分支回路开始处。

② OUT 指令是驱动线圈的指令，用于驱动输出继电器 Y、辅助继电器 M、状态器 S、定时器 T、计数器 C，但不能用于输入继电器 X。输入继电器 X 的线圈只能由外部信号驱动。

③ OUT 指令可以并联连接，后而还可以并联任意多个 OUT 指令，但不能串联使用。

④ OUT 指令用于计数器 C、定时器 T 时必须紧跟常数 K 值。常数 K 值分别表示计数器的计数次数或定时器的延迟时间，它也作为一个步序。表 3-7 是 K 值设定范围与步数值。

⑤ LD、LDI 操作的器件：X、Y、M、S、T、C；OUT 操作的器件：Y、M、S、T、C。

表 3-7　K 值设定范围与步数值

元件名称	类型	K 值的设定范围	实际的设定值	步数
定时器	1 ms 定时器	1～32 767	0.001～32.767	3
	10 ms 定时器		0.01～327.67	3
	100 ms 定时器		0.1～3276.7	3
计数器	16 位计数器	1～32 767	1～32 767	3
	32 位计数器	-2 147 483 648～2 147 483 647	-2 147 483 648～2 147 483 647	5

（二）触点串联指令

AND：常开触点串联连接指令。

AND、ANI 指令使用说明：

① AND 和 AN1 指令是用于串联 1 个触点的指令，可连续使用，串联触点的数量不限。

② 若串联的不是 1 个触点，而是多个触点的组合，则须采用后面的块操作指令。

③ "连续输出"是指在执行 OUT 指令后，通过触点对其他线圈执行 OUT 指令。只要电路设计顺序正确，"连续输出"的 OUT 指令可重复使用。需要注意的是，"OUT Y2"必须放在 X4 的常开触点和 M101 线圈这一逻辑行上面，如果驱动顺序换成图 3-5 的形式，则必须用后述的栈操作 MPS 指令，这时程序步数增多，因此不推荐使用图 3-5 的形式。

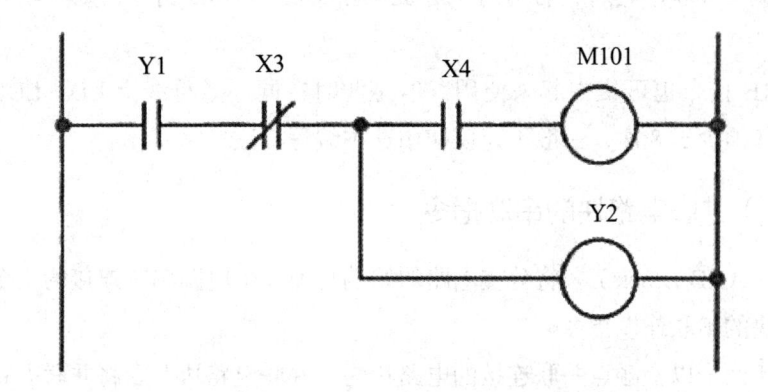

图 3-5 "连续输出"不合理电路

④串联触点数和顺序正确的"连续输出"次数不受限制,但使用图形编程设备和打印机时则有限制。

⑤ AND、ANI 操作的器件:X、Y、M、S、T、C。

(三)触点并联指令

OR:常开触点并联连接指令。

ORI:常闭触点并联连接指令。

OR、ORI 指令使用说明:

① OR、ORI 是用于并联连接 1 个触点的指令。若要将两个以上触点的串联电路和其他回路并联时,须用后述的块操作并联指令 ORB。

② OR、ORI 指令引起的并联是从 OR、ORI 一直并联到前面最近的 LD、LDI 上,并联的数量不受限制,但使用图形编程设备和打印机时受限制。

③ OR、ORI 操作的器件:X、Y、M、S、T、C。

(四)串联电路块的并联指令

ORB(OR Block):分支电路的并联指令,又称为串联电路块的并联连接指令。

两个或两个以上的触点串联连接的电路称为"串联电路块"。在并联连接这种串联电路块时,在分支电路起点要用 LD、LDI 指令(生成新母线),而在该分支电路终点再用块操作指令 ORB 实现块并联连接。

ORB 指令使用说明:

① ORB 指令是一条独立的指令,它不带任何编号。

②几个串联电路块并联连接时,每个支路电路块的起点用 LDI 开始,终点用 ORB 结束。

③有多个并联电路时,若对每个分支电路块使用 ORB 指令,则并联电路数可不受限制。

④ ORB 指令也可集中起来使用,但是此时在同一条母线上 LD、LDI 指令重复使用次数必须少于 8 次,一般不建议使用这种编程方法。

(五)并联电路块的串联指令

ANB(AND Block):将分支电路的始端与前一个电路串联连接的指令,即用于并联电路块的串联连接指令。

两个或两个以上触点并联连接的电路称为"并联电路块"。将并联电路块与前面电路串联连接时用 ANB 指令。在与前一个电路串联时,用 LD 或 LDI 指令做分支电路的始端(生成新母线);再用 ANB 指令将并联电路块与前面电路串联连接前,应先完成并联电路组块,使用 ANB 后新母线自动消失。

ANB 指令使用说明:

① ANB 指令是一个独立的指令,它不带任何器件编号。

②分支电路(并联电路块)与前面电路串联连接时,使用 ANB 指令。分支的起点用 LD、LDI 指令,并联电路块结束后,使用 ANB 指令,与前面电路串联。

③如果有多个并联电路块顺次以 ANB 指令与前面电路连接,ANB 的使用次数可以不受限制。

④ ANB 指令可以集中起来使用,和 ORB 指令一样,分支电路起点使用的 LD、LDI 指令数不超过 8 次。

(六)置位与复位指令

SET(Set):置位指令(操作保持)。

RST(Reset):复位指令(解除操作保持)。

SET、RST 指令使用说明:

① SET、RST 指令均为有"记忆力"的指令。使用 SET 指令时,被驱动的线圈具有保持功能。当 X0 接通,Y0 就保持接通,即使 X0 断开,Y0 也保持接通。使用 RST 指令时,被驱动的线圈自保持的功能解除,X1 一旦接通,Y0 就保持断开,即使 X1 又断开了,Y0 仍保持断开。

②对同一元件可以多次使用 SET、RST 指令,顺序可任意,但最后执行者有效。

③要使数据寄存器 D,变址寄存器 X、Z 的内容清零时,也可使用 RST 指令(用常数为 K0 的传送指令也可得到相同的结果)。

④积算定时器 T246~T255 的当前值的复位和触点复位也可用 RST 指令;计数

器的内容清零也可用 RST 指令。

⑤ SET 操作的器件：Y、M、S；RST 操作的器件：Y、M、S、D、V、Z、T、C。

（七）脉冲输出指令

PLS：在输入信号上升沿产生脉冲输出。

PLF：在输入信号下降沿产生脉冲输出。

PLS、PLF 指令使用说明：

① PLS 能够在驱动输入接通后产生一脉冲信号，该脉冲的宽度等于一个扫描周期；而 PLF 指令在驱动输入断开后产生一宽度等于一个扫描周期的脉冲信号。

② PLS、PLF 指令只能用于 Y 和 M，但特殊辅助继电器不能用作目标元件。例如，在驱动输入接通时，PLC 运行（RUN）→停机（STOP）→运行（RUN）时，PLS M0 动作，但 PLS M600 不动作。这是因为 M600 是特殊保持继电器，即使在断电停机时其动作也能保持。

③ 使用 PLS 指令，元件 Y、M 仅在驱动输入接通（ON）后的一个扫描周期内动作；使用 PLF 指令，元件 Y、M 仅在驱动输入断开（OFF）后的一个扫描周期内动作。

④ PLS、PLF 操作的器件：除特殊辅助继电器外的 Y、M。

（八）计数器、定时器操作指令

当定时器复位输入 X0 接通时，输出触点 T246 复位，定时器的当前值也为 0；定时器定时输入 X1 接通期间，T246 接收 1 ms 时钟脉冲并计数，达到 1234 时 Y0 就动作。

32 位计数器 C200 根据 M8200 的开、关状态进行增计数或减计数，它对计数器计数输入 X4 触点的 OFF→ON 次数进行计数。输出触点的置位或复位取决于计数方向及是否达到 D1、D0 中存的设定值。

RST 指令对计数器的作用：

① 在计数器计数过程中，若 RST 指令接通，计数器停止计数，并使当前值恢复到设定值。

② 当计数器计数结束，计数器的输出为"T"时，RST 指令接通，计数器的输出变为"0"，其常数恢复到设定值。

③ RST 指令在任何情况下都优先执行，当 RST 端保持输入时，计数器不能计数。

④ 掉电保持功能的计数器，在不需要保持计数器先前原有计数状态时，要使用初始化脉冲，使程序一运行就给计数器复位。

（九）脉冲式操作指令

这是一组与 LD、AND、OR 指令相应的脉冲式操作指令，其用法说明如下：

① LDP、ANDP、ORP 指令是进行上升沿检测的触点指令，仅在指定位软元件上升沿时（由 OFF→ON 变化时）接通一个扫描周期，程序步数为 2；LDF、ANDF、ORF 指令是进行下降沿检测的触点指令，仅在指定位软元件下降沿时（由 ON-OFF 变化时）接通一个扫描周期，程序步数为 2。

② 在将 LDP、LDF、ANDP、ANDF、ORP、ORF 指令的软元件指定为辅助继电界(M)时，该软元件的地址范围不同造成动作差异。

根据这一特性，可在步进顺序控制中"利用同一信号进行状态转移"进行高效率的编程。

（十）逻辑堆栈操作指令

MPS：进栈指令。

MRD：读栈指令。

MPP：出栈指令。

这三条指令都是无操作元件指令。这组指令用于多路输出电路，可将触点先存储，用于连接后面的电路，又称为多重输出指令。

FX2N 系列 PLC 中，有 11 个存储运算之间结果的存储器，被称为栈存储器。使用一次进栈指令 MPS，该时刻的运算结果就压入栈的第一层，再次使用 MPS 指令时，当时的运算结果压入栈的第一层，栈中原来的先压入数据依次向栈的下一层转移。使用出栈指令 MPP，各层数据依次向上移动，最上层的数据在读出后就从栈内消失。MRD 是最上层所存的最新数据的读出专用指令，读出时，栈内的数据不发生移动。

MPS 和 MPP 指令必须成对使用，而且连续嵌套使用时应少于 11 次。

（十一）主控及主控复位指令

MC（Master Control）：主控指令，用于公共串联触点的连接。MC 指令为 3 步。

MCR（Master Control Reset）：主控复位指令，用于 MC 指令的复位。MCR 指令为 2 步。

在编程时，经常遇到多个线圈同时受一个或一组触点控制的情况。如果在每个线圈的控制电路中串入同样的触点，将多占用存储单元，运用主控指令可以解决这一问题。

当 MC 的条件状态为接通时，每个继电器的状态与没有 MC、MCR 指令时一样被执行。当 X0、X1 断开时，公共串联触点 M100 断开，Y0、Y1、Y2 断开；当

X0、X1 均合上时，M100 触点接通，Y0～Y2 的状态由 X2～X4 触点决定。

MC、MCR 指令使用说明：

①用主控指令的触点（称为主控触点）来替代触点 X0、X1 成为公共串联触点。

②使用 MC 指令相当于在原母线上分支出一条新母线，在 MC 指令后的任何指令都应该以 LD 或 LDI 开头。

③MCR 指令实现主控复位，即母线复位，使各支路起点回到原来的母线上。

④在 MC 指令内再用 MC 指令嵌套使用时，嵌套级 N 的编号（0～7）顺次增大（按程序顺序由小到大，即从 N0→N1→N2→N3→N4→N5→N6→N7）。返回时用 MCR 指令，应从大的嵌套级开始解除（按程序顺序由大到小，即从 N7→N6→N5→N4→N3→N2→N1→N0）。

⑤MC、MCR 操作的器件是 Y、M，但不能使用特殊辅助继电器。

（十二）逻辑运算取反指令

INV：逻辑运算取反指令。

INV 指令是将即将执行 INV 指令之前的运算结果反转的指令，不需要指定软元件的地址号。

INV 指令使用说明：

① 使用 INV 指令时，在与能输入 AND 或 ANI、ANDP 或 ANDF 指令的相同位置处编程。

② 不能像 OR、ORI、ORP、ORF 指令那样单独使用，也不能像 LD、LDI、LDP、LDF 那样与母线单独连接使用。

③ INV 指令的功能是将 INV 指令前存在的 LD、LDI、LDP、LDF 指令的运算结果进行反转。

（十三）空操作指令

NOP：使该步序（或指令）不起作用或空操作的指令。

NOP 指令是一条无动作、无操作器件的指令，故又称空操作指令。

NOP 指令使用说明：

① 在将程序全部清除时，全部指令成为空操作。

② 若在普通指令与指令之间加入空操作指令，则可编程序控制器可继续工作，不受影响。

③ 预先在程序中插入 NOP 指令，当需要修改或增加程序时，可使步序号的更改减到最少。

④ 可以用 NOP 指令在程序中替换已写入的指令，从而改变电路。

⑤ 用 NOP 指令来修改电路时，有时会引起电路的组态发生重大变化，请务必重视。

（十四）程序结束指令

END：程序的结束指令。

END 指令用在程序的结束，即表示程序终了，END 以后的程序步不再执行。

PLC 的工作方式为循环扫描工作方式，在循环周期内反复进行输入处理、程序执行、输出处理。加入 END 指令，则 END 指令之后的程序步就不再执行，可使程序在 000～END 之间反复执行，从而缩短了循环周期。

在程序调试过程中，可把程序分成若干段，将 END 指令插入各段程序之后，可以逐段调试程序；该段程序调试完毕，删去 END，再进行下段程序的调试，直到程序调试完毕为止。需要注意的是，在执行 END 指令时，也刷新监视时钟。

三、可编程序控制器梯形图编程规则及方法

（一）梯形图编程的基本规则

梯形图编程的基本规则如下：

①梯形图每一行都从左母线开始，线圈直接与右母线相连，所有的触点不能放在线圈的右边。

②线圈不能直接接在左边的母线上，如需要的话，可通过常闭触点连接线圈。

③梯形图的触点应画在水平线上，不能画在垂直分支上。

④在同一程序中，同一编号的线圈如使用两次称为双线圈输出。

⑤在有几个串联电路相并联时，应将触点最多的电路放在梯形图最上面。在有几个并联电路相串联时，应将触点最多的电路放在梯形图最左面。这种安排所编制的程序简洁明了，指令较少。

⑥梯形图应遵循"自左至右、自上而下"的顺序进行编写。

（二）常闭触点输入的处理

PLC 是继电器-接触器控制系统的理想代替物。在实际应用中，常遇到对老设备进行改造的问题，需要用 PLC 取代继电器-接触器控制系统（控制柜）。继电器-接触器控制系统电气原理图与 PLC 的梯形图相类似，我们可以将继电器-接触器控制系统电气原理图转变为相应的梯形图，但在转变时必须注意对作为输入的常闭触点

的处理。

下面以用 PLC 实现对三相异步电动机启动、停止控制的控制电路为例。

实现"三相异步电动机启动、停止"的继电器-接触器控制系统电气原理图见图 3-6。图中 SB1 为启动按钮，SB2 为停止按钮，KM 为控制用接触器。

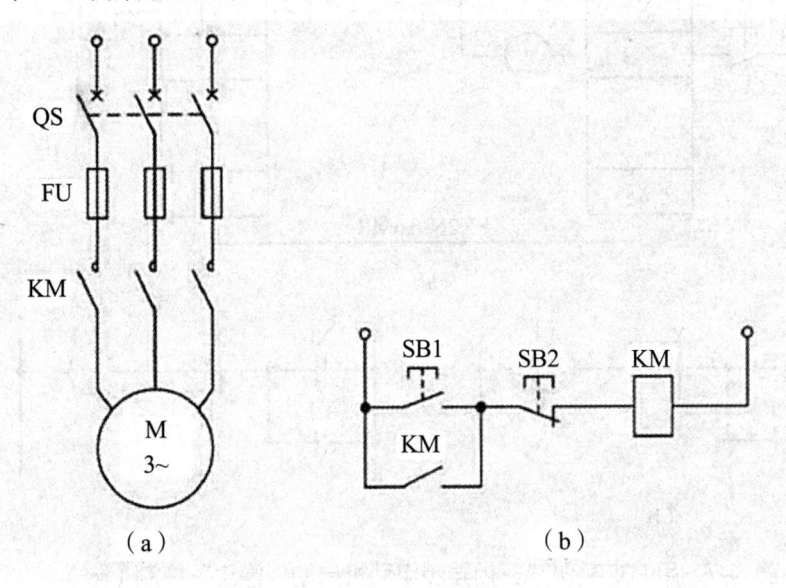

图 3-6 "三相异步电动机启动、停止"的继电器-接触器控制系统电气原理图

现在采用 PLC 对三相异步电动机进行启动、停止控制。对于图 3-6（b）中常闭触点输入的处理有两种方法。

① PLC 外部接线中保留原有的常闭触点输入器件，在梯形图中将对应的常闭触点改为常开形式。

三相异步电动机进行启动、停止控制主电路仍为图 3-6（a），用 PLC 进行控制的外部接线如图 3-7（a）所示，其中的常闭触点 SB2 仍保留，作为停止按钮。而此时的梯形图对应图 3-6（b）中常闭触点 SB2 的软触点必须改成常开触点，如图 3-7（b）所示。

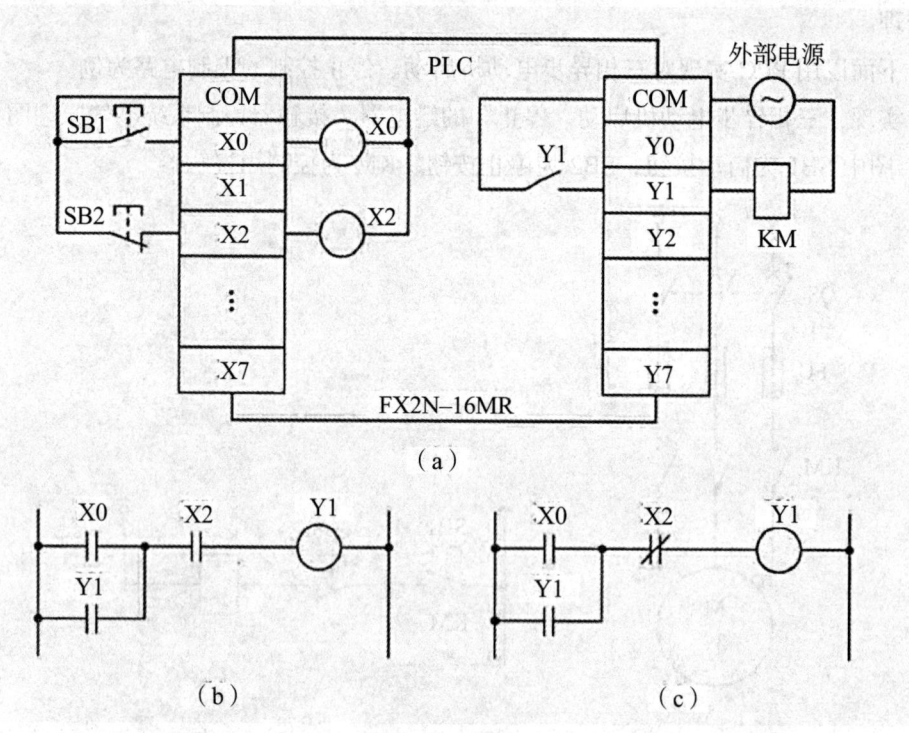

图 3-7 用 PLC 实现"三相异步电动机启动、停止"控制（一）

图中 PLC 选用 FX2N-16MR 就能满足控制系统要求。输入/输出（I/O）对应关系为

输入 1：

X0——SB1，启动按钮

X2——SB2，停止按钮

输出 0：

Y1——KM 线圈，电动机动作控制用接触器

此时，PLC 外部接线中保留了原来的常闭输入触点 SB2，如图 3-7（a），那么 PLC 的输入继电器 X2 软线圈状态为接通，其对应的软触点动作也发生变化，即常开触点 X2 为接通、常闭触点 X2 为断开。如果梯形图中为了保持与原来的电气原理图的一致性，即设计成图 3-7（c）的形式，那么 PLC 一上电，常闭触点 X2 就为断开状态，运行时按下启动按钮 S3（X0），则电路中无法实现"假想电流"通道，不能进行控制。反过来，在图 3-7（b）中，PLC 上电后其采用的常开触点 X2 为接通状态，运行时按下启动按钮 SB1（X0），则电路中"假想电流"通道完善，实现电动机的启动控制；当按下停止按钮 SB2（X2）时，则 X2 软线圈也断开，其常开触点 X2 断开，电动机停止。

这种方法中所编写的梯形图与原来的继电器-接触器控制电气原理图不一致，与技术人员原有的思维方式不统一，不符合常规的逻辑思维习惯，给阅读和理解带来一定不便。而图3-7(c)中的梯形图则与原来的继电器-接触器控制电气原理图完全一致，便于理解。这就要采用下面的方法来解决常闭触点输入问题。

② 保持梯形图与原有电气原理图一致性，在PLC外部接线中用常开触点输入元件替换常闭触点输入元件。

对于本例中情况，即梯形图设计成图3-7(c)的形式，与图3-6(b)电气原理图一致。而PLC外部接线中将SB2改为常开触点输入按钮，如图3-8所示。

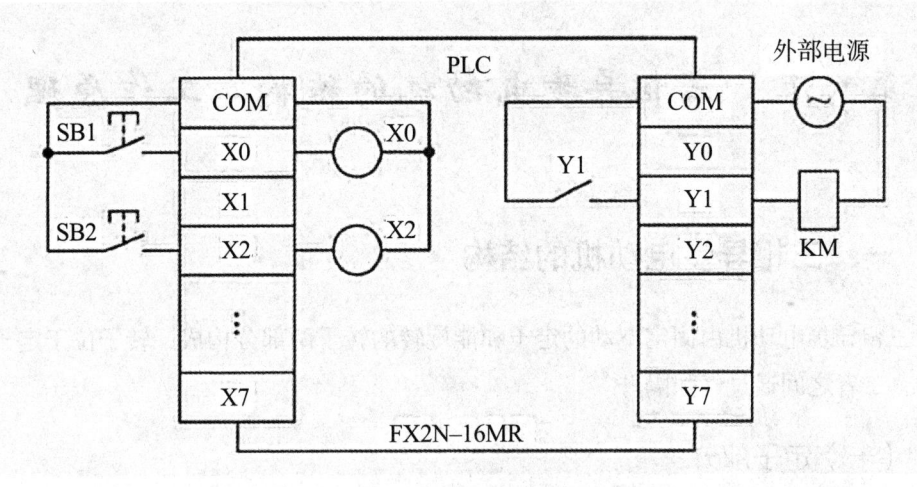

图3-8　用PLC实现"三相异步电动机启动、停止"控制（二）

由此可见，如果输入为常开触点，编制的梯形图与继电器-接触器控制电气原理图一致；如果输入为常闭触点，编制的梯形图与继电器-接触器控制电气原理图不一致（相反）。通常为了与习惯相一致，在PLC中尽可能采用常开触点作为输入。

第四章　三相异步电动机与控制

第一节　三相异步电动机的结构与工作原理

一、三相异步电动机的结构

三相异步电动机由固定不动的定子和能旋转的转子两部分构成，转子位于定子腔之中，二者之间通过气隙隔开。

（一）定子部分

定子部分包括定子铁芯、机座、定子绕组三部分。定子是电机回路的一个重要组成部分，能够起到嵌放定子绕组的作用。在生产实践中，其通常采用 0.5 mm 的低硅钢片折叠制成，以降低交变磁场中的损耗。

1. 定子铁芯

位于机座内的定子铁芯是构成电动机磁路的重要部件。由于定子铁芯在交变磁场中会产生涡流损耗和磁滞损耗，其一般用涂有绝缘漆的、厚度为 0.35~0.5 mm 的硅钢片叠成。定子铁芯内部均匀分布着一些凹槽，目的是装嵌定子绕组。

2. 机座

机座的机械强度和刚度要满足一定要求，即能够实现对定子铁芯和端盖的固定与支撑。在机座的选用上，不同规格的电动机通常采用不同的机座：中小型电动机一般采用铸铁机座，而大型电动机一般选用由钢板焊接制成的机座。常见的电动机机座表面呈散热片状，这样设计可以增加散热面积，有效地提升机座的散热能力。

3. 定子绕组

定子绕组一般嵌放在铁芯凹槽内，是构成电动机电路的重要部件，可以产生旋转磁场。

绕组是由多个线圈或线圈组构成的一相或整个电磁电路的统称。电动机根据线圈绕制形状与嵌装布线方式的不同，可分为集中式和分布式两类。集中式绕组的绕制和嵌装比较简单，但效率较低，运行性能也较差。目前的交流电动机定子绝大部分采用分布式绕组，根据不同机种、型号及线圈嵌绕的工艺条件，电动机通常各自设计采用不同的绕组形式和规格。定子绕组根据电动机的磁极数与绕组分布形成实际磁极数的关系，可分为显极式与庶极式两种类型。

（二）转子部分

转子部分包括转子铁芯、转子绕组、转轴、风扇等，主要用于感应电磁转矩输出机械能。

1. 转子铁芯

转子铁芯一般由 0.5 mm 厚的硅钢片冲成转子冲片并叠成圆柱形，压装在转轴上，其外围表面有为了安放转子绕组而冲成的凹槽。与定子铁芯相同，转子铁芯也是电动机磁路的一部分。

2. 转子绕组

转子绕组的作用是产生转子电动势与转矩，其是转子电路的一部分。对于三相异步电动机来说，根据不同的绕组方式，其转子绕组可分为鼠笼式和绕线式两种类型。

（1）鼠笼式转子绕组

这种绕组方式是将导条分别插入转子铁芯的各个槽内，而后运用两个短路环在铁芯两端焊接成一个自身闭合的对称短路绕组。将绕组中的铁芯取出后，整个绕组外形犹如一个鼠笼，因此称为鼠笼式转子绕组。不同功率电动机的转子绕组有一定的区别，对于小功率电动机，目前常通过铸铝工艺将鼠笼式转子绕组与风扇叶片铸在一起，而大功率电动机则常用铜导条。

（2）绕线式转子绕组

绕线式转子绕组采用与定子绕组相同的三相绕组方式，将三个绕组的末端相接（星形），再将首端分别与转轴上三个彼此绝缘的集电环相接，然后利用滑环上的电刷连接外电路的变阻器，从而实现对电动机转速与启动性能的调节。

（三）其他部分

其他部分包括电动机的端盖、轴承盖、风扇等装置。端盖的基本作用是防护，轴承盖可以和端盖配合，使定子内腔中心的转子保持稳定的状态，防止轴向移动，从而实现均匀旋转。定子与转子中间有气隙存在，气隙的大小所产生的影响能够直观地反映在电动机的运行性能上：当气隙过大时，产生同样大小的磁通需要消耗更大的励磁电流——导致电动机运行过程中的功率因数下降；当气隙过小时，装配会受到阻碍，转子与定子之间容易产生摩擦，导致电动机在运行过程中产生隐患。一般而言，定子与转子之间的气隙控制在 0.2～1.5 mm 最佳。

二、三相异步电动机的工作原理

（一）旋转磁场的基本内容

1. 旋转磁场的概念及形成

将一只能够自由转动的笼型短路线圈置入一个可旋转的马蹄形磁铁即形成一个笼型转子，笼型转子会随着马蹄形磁铁的转动而旋转。其工作原理就是磁铁的磁感线会在转动时对笼型转子的导体进行切割，使导体中产生电磁感应，从而形成相应的感应电动势。笼型转子本身是短路的，因此受电动势影响，导体中会有电流通过，这股电流会与旋转磁场相互作用，形成可以驱动笼型转子的转动力矩，这样转子就会随磁场而转动。这就是异步电动机的旋转原理。

接下来通过分析旋转磁场的形成条件，对三相异步电动机的旋转原理进行研究。

将带有铁芯槽的硅钢片相叠，形成定子铁芯，然后将定子铁芯装在电动机机座中，再在定子空间各相差 120 度电角度的铁芯槽中放置三相绕组 U1U2、V1V2、W1W2，三相绕组形成星形联结。接下来分别将三相交流电 i_U、i_V、i_W 通入三相绕组，三相交流电将在三相定子绕组中分别产生相应的磁场。

①在 $\omega t = 0$ 的瞬间，$i_U = 0$，故 U1U2 绕组中无电流；i_V 为负，电流从绕组末端 V2 流入，从首端 V1 流出；i_W 为正，则电流从绕组首端 W1 流入，从末端 W2 流出。

②在 $\omega t = \dfrac{\pi}{2}$ 的瞬间，i_U 为正，电流从首端 U1 流入，从末端 U2 流出；i_V 为负，电流仍从末端 V2 流入，从首端 V1 流出；i_W 为负，电流从末端 W2 流入，从首端 W1 流出。绕组中电流产生的合成磁场顺时针转动了 90°。

③继续按上述方法分析在 $\omega t = \pi$、$\dfrac{3}{2}\pi$、2π 的不同瞬间，三相交流电在三相定子绕组中产生的合成磁场，观察这些合成磁场的分布规律可知，合成磁场按顺时针方向旋转，并旋转了一周。

根据以上推导能够得出结论：将结构相同、空间内相差 120 度电角度的三相定子绕组置于三相异步电动机后接入三相交流电，会在定子、转子与气隙之间形成围绕定子内圆旋转的磁场，这就是旋转磁场。

2. 旋转磁场方向分析

旋转磁场的方向是由三相绕组中的电流相序决定的，若想改变旋转磁场的方向，只要改变通入定子绕组的电流相序,即将三根电源线中的任意两根对调即可。这时,转子的方向也随之改变。

三相交流电的变化次序(相序)为 U 相达到最大值→V 相达到最大值→W 相达到最大值。将 U 相、V 相、W 相交流电分别与 U 相、V 相、W 相绕组连接,旋转磁场的旋转方向就会变为与三相交流电的相序相同的顺时针方向,即 U 相→V 相→W 相的顺序。若任意调换电动机两相绕组所接交流电源的相序,如使 V 相交流电同 W 相绕组相接,W 相交流电同 V 相绕组相接,而 U 相交流电及绕组均保持不变,将 $\omega t=0$ 及 $\omega t=\frac{\pi}{2}$ 瞬时的合成磁场图绘出。

此时合成磁场呈逆时针旋转,因此可得到结论:定子绕组中通入的三相交流电源的相序能够决定旋转磁场的旋转方向。同时,这个方向与三相交流电源的相序 U→V→W 相同。只要将接入电动机两相绕组的交流电源的相序互换,就可以使旋转磁场方向相反。

3.旋转磁场速度分析

上述内容的分析对象是有六个槽并且放置三个绕组的定子铁芯所产生的旋转磁场,此时磁场的磁极对数 $p=1$。从上述分析可知,三相交流电所产生的旋转磁场会随着自身电流变化一周而旋转一周。因此,若电流的频率为 f_1,则旋转磁场每分钟旋转 $60f_1$,即 $n_1=60f_1$。

实际上三相异步电动机定子铁芯上冲有许多槽,在槽中均放置有许多线圈,通入三相交流电后可以产生若干对磁极。理论分析及实践证明,旋转磁场的转速可用式(4-1)表示:

$$n_1=\frac{60f_1}{p} \quad (4-1)$$

式中,f_1——交流电频率,单位为 Hz;

p——电动机的磁极对数;

n_1——旋转磁场的转速,又称同步转速,单位为 r/min。

(二)三相异步电动机旋转原理分析

1.转子旋转的基本原理

根据上文分析可知,当向三相定子绕组 U1U2、V1V2、W1W2 中通入三相交流电后,定子、转子及其气隙中会形成一个在空间按顺时针方向旋转的磁场,而转子导体会因受到旋转磁场的切割而产生感应电动势。由于转子导体自成闭合回路,可以利用右手定则对该电动势在转子导体中形成的电流方向进行判断。使用右手定则需要注意,右手定则应用的磁场处于静止状态,导体做切割磁感线运动,而这里正好相反。

因此，可假定磁场不动，而导体以与旋转磁场相反的方向（逆时针）切割磁感线，进而可以判定出在该瞬间转子导体中的电流方向。

由于在旋转磁场中，电磁力 F 对此电流的影响较大，可以根据左手定则对其方向进行判断。转子轴上由于电磁力 F 的作用出现电磁转矩，促使异步电动机以转速 n 旋转。

根据以上内容可以将三相异步电动机的旋转原理总结为：将三相交流电通入三相定子绕组时，在电动机气隙中即形成旋转磁场；转子绕组在旋转磁场的作用下产生感应电流，电磁力促使带有电流的转子导体产生电磁转矩同时使转子旋转。电动机转子与旋转磁场有着相同的旋转方向，所以只要改变旋转磁场的方向就可以实现对三相异步电动机旋转方向的改变。

2. 转差率

通过上述分析还可得出以下结论，转子的转速 n 必然比旋转磁场的转速小。原因在于，如果转子的转速与旋转磁场的转速相同，转子导体就无法对旋转磁场进行切割运动，切割运动停止意味着不会再有感应电动势和电流从转子导体中产生，电磁力 F 将为 0，转子速度下降。因此异步电动机中的"异步"即电动机转速与旋转磁场转速之间的差异。此外，异步电动机的转子绕组主要是在电磁感应生成的电动势与电流作用下，利用电磁转矩进行旋转，而并非与电源直接连接，因此异步电动机也可以叫作感应电动机。

异步电动机旋转磁场的转速，即同步转速 n_1 与电动机转速 n 之差称为转速差，转速差与旋转磁场的同步转速 n_1 之比称为异步电动机的转差率 s，即

$$s = \frac{n_1 - n}{n_1} \quad （4\text{-}2）$$

在异步电动机中，转差率 s 是一个非常重要的物理量，转差率的大小能够直观体现异步电动机的运行状态。

从转差率角度看，在额定状态下，三相异步电动机保持运行时，额定转差率 s 为 0.01~0.06，因此可以得出结论，三相异步电动机的额定转速 n 与同步转速 n_1 较为接近。

第二节　三相异步电动机的转矩特性与机械特性

一、电磁转矩特性与机械特性

三相异步电动机的电磁力和电磁转矩是由于转子电流和旋转磁场之间的相互作用形成的，电磁转矩的大小取决于转子绕组中电流的大小以及旋转磁场的强弱。

经理论证明，以上几个变量的关系可以总结为：

$$T = K_T \Phi I_2 \cos\varphi_2 \quad (4\text{-}3)$$

式中，T——电磁转矩；

K_T——电动机结构相关常数；

Φ——旋转磁场每个极的磁通量；

I_2——转子绕组电流的有效值；

φ_2——转子电流滞后于转子电势的相位角。

此外，将电源电压和电动机相关参数与电磁转矩的关系纳入考虑范围后。

可以将式（4-3）更改为：

$$T = K_T' \frac{sR_2 U_1^2}{R_2^2 + (sX_{20})^2} \quad (4\text{-}4)$$

式中，K_T'——与电动机结构参数、电源频率有关的常数；

U_1——定子绕组的相电压；

s——转差率；

R_2——转子每相绕组的电阻；

X_{20}——转子静止时每相绕组的感抗。

可见，转矩 T 还受转子电阻 R_2 的影响。

特性曲线是一种表示电动机各项变量之间关系的曲线。转矩特性曲线指的是电动机的转矩 T 和转差率 s 在电源电压 U 和转子电阻 R_2 固定的条件下形成的关系曲线，通常用 $T = f(s)$ 来表示。机械特线曲线指电动机的转速 n 和电动机转矩 T 之间的关系曲线，用 $n = f(T)$ 表示。

在对电动机的机械特性曲线进行研究时，主要的研究内容包括三个方面：额定转矩、最大转矩和启动转矩。

（一）额定转矩

在额定负载下，异步电动机转轴上的输出转矩称为额定转矩，用 T_N 表示，其计算公式为：

$$T_N = 9550 \frac{P_2}{n} \tag{4-5}$$

式中，P_2——电动机轴上输出的机械功率，单位为瓦特（W），

n——异步电动机的额定转速，单位为转/分（r/min）；

T_N——异步电动机的额定转矩，单位为牛·米（N·m）。

如果将电动机自身机械摩擦转矩 T_0 造成的影响忽略掉，那么阻转矩近似为负载转矩 T_L，电动机做等速旋转时，电磁转矩 T 必与阻转矩 T_L 相等，即 $T = T_L$，额定负载时，则 $T_N = T_L$。

（二）最大转矩

最大转矩是电动机能够输出的最大电磁转矩，也可称作临界转矩，它可以衡量电动机的过载能力，常用 T_m 表示。与最大转矩相对应的是临界转差率，常用 S_m 表示。

最大转矩 T_m 与额定转矩 T_N 之比称为电动机的过载系数，用 λ 表示，即

$$\lambda = T_m / T_N \tag{4-6}$$

通常情况下，三相异步电动机的过载系数为 1.8~2.2。

为了避免电动机出现过热情况，不允许电动机在超过额定转矩的情况下长期运行（长期过载）。但是，允许电动机短时间过载运行，只需保证在过载运行期间，电动机的温度不超过允许值。但是过载时，负载转矩不能大于电动机的最大转矩。

（三）启动转矩

T_{st} 为电动机启动初始瞬间的转矩，即 $n=0$，$s=1$ 时的转矩。

为确保电动机能够带额定负载启动，必须满足 $T_{st} > T_N$。一般的三相异步电动机的 T_{st} / T_N 值为 1~2.2。

二、电动机的负载能力自适应分析

在电动机工作过程中，其电磁转矩会根据负载的变化做出相应的调整，这种特性称为自适应负载能力，这种适应存在一定的范围。

具体的自适应负载能力变化如下：

当负载转矩增加时，电动机的转速将下降，转差率将随之下降，电动机电流增加，直至达到新的平衡。在此过程中，当电动机电流变大时，电源提供的功率自动增加。

第三节 三相异步电动机的使用

一、三相异步电动机的相关参数与选用

（一）三相异步电动机的相关参数

电动机的机座上都安装有铭牌，铭牌上标有电动机相关的性能与技术参数，包括电动机的型号、接法、电压、电流、功率与效率、功率因数、转速、绝缘等级等。

1. 型号

电动机的制造商会在制造过程中将电动机产品划分为不同的系列，这些系列分别对应不同的工作要求和不同的工作环境，而电动机的型号就是区分这些系列的标志。

2. 接法

三相定子绕组的联结方法简称为接法，常见的接法主要有两种。第一种是星形（Y）联结，这种联结方法常应用在功率值 4 kW 以下的三相异步电动机中，比如鼠笼式电动机，接线盒中有六根引出线，标有 U1、V1、W1、U2、V2、W2，其中 U1、V1、W1 是每一相绕组的始端，U2、V2、W2 是每一相绕组的末端。第二种是三角形（△）联结，这种接法通常应用于功率大于 4 kW 的三相异步电动机。

3. 电压

铭牌中标明的电压值代表电动机额定运行时，定子绕组上所需的线电压数值。三相异步电动机常见的额定电压有 380 V、3 000 V、6 000 V 等。值得注意的是，电动机运行处于额定电压以下时，会造成最大转矩和启动转矩数值的下降，对电动机的运行十分不利。

4. 电流

铭牌上的电流值代表的是电动机额定运行时，允许通过定子绕组的最大线电流。当电动机空载时，转子转速与旋转磁场的同步转速接近，两者相对转速很小，转子电流数值趋于零，此时定子电流几乎全为建立旋转磁场的励磁电流。当电动机输出功率增加时，转子电流与定子电流会随之增加。

5. 功率与效率

功率指的是电动机在规定的环境温度下，在额定运行时电极轴上输出的机械功率

值。输出功率与输入功率不等，其差值等于电动机本身的损耗功率，包括铜损、铁损及机械损耗等。

效率指的是输出功率与输入功率的比值。在额定运行时，常见的鼠笼式电动机的效率一般为 72%～93%。

6. 功率因数

电动机是电感性负载，其定子相电流较相电压滞后一个角 φ，因此 $\cos\varphi$ 就是电动机的功率因数。三相异步电动机在额定负载时，功率因数为 0.7～0.9，此数值在电动机轻载时更低，在空载情况下则只有 0.2~0.3，因此在选择电动机时应注意三相异步电动机的容量，避免造成"大马拉小车"的情况，同时尽可能将空载时间缩短。

7. 转速

转速指的是电动机在额定运行状况下转子的转速，单位为转/分。不同的磁极数对应不同的转速等级。

8. 绝缘等级

绝缘等级是按电动机绕组所用的绝缘材料在使用时允许的极限温度来分级的。极限温度是指电动机绝缘结构中最热点的最高容许温度，其与绝缘等级的关系见表4-1。

表 4-1　绝缘等级与极限温度的关系（℃）

绝缘等级	极限温度
A	105
B	120
C	130

（二）三相异步电动机的选用

1. 电动机功率的选择

电动机功率的选择应该以其负载情况为基础，功率过大或者功率不足都有其弊端。功率过大时，虽然能够实现电动机的正常运行，但效率与功率因数相对较低，经济性较差；而功率过小时，一方面无法使电动机和生产机械保持正常运行，进而难以发挥生产机械的效能，另一方面还会产生电动机过载的情况，导致电动机损坏。

（1）连续运行的电动机功率的选择

在进行连续运行的电动机功率选择时，首先对生产机械的功率进行计算，以计算结果为基准，选择额定功率等于或大于该数值的电动机即可。

（2）短时运行的电动机功率的选择

在没有专门为短时运行设计的电动机时，可以选择连续运行的电动机作为替代。由于发热惯性，电动机短时运行时可以过载，但过载量会因工作时间的缩短而增加，因此在选择短时运行电动机的功率时应当充分参考过载系数。

2.电动机类型和结构形式的选择

(1)电动机类型的选择

电动机类型的选择主要考虑交流或直流、调速和启动性能、机械特性、价格与维护等因素。其中,对于交流或直流电动机的选择,当不做特殊要求时,一般选择交流电动机。交流电动机以鼠笼式和绕线式为主,选择时要从功率、成本、维护等多方面进行综合考量。鼠笼式电动机的优点在于坚固耐用、成本低廉、便于维护,缺点在于功率因数低、性能相对差。因此在对机械特性及调速要求不高的情况下,选择鼠笼式电动机,而在不方便使用鼠笼式电动机时,应选择绕线式电动机。

(2)电动机结构形式的选择

以下是电动机的几种主要结构形式。

①开启式。由于未设计特殊的防护装置,开启式电动机常应用在干燥通风、洁净无尘的环境中。

②防护式。常见的防护式电动机为了拦截铁屑等杂物,会将通风罩设计在机壳或端盖下面,还有一些直接将外壳设计成挡板形态,以避免雨水溅入内部。

③封闭式。这种类型的电动机外壳密封且设有散热片,通过外部风扇和自身风扇散热。因为其外壳密封,所以可以在灰尘多、湿度大或带有酸性气体的环境中使用。

④防爆式。电动机完全密封,主要用在有爆炸气体的场合。

(3)电动机安装的结构方式

①机座带底脚,端盖无凸缘(B3型)。

②机座不带底脚,端盖有凸缘(B5型)。

③机座带底脚,端盖有凸缘(B35型)。

3.电动机的电压与转速选择

在选择电动机的电压等级时,需要重点考虑电动机的类型、电动机的功率、使用场所的供电电压等。电压等级主要包括380 V、3 000 V、6 000 V等,Y系列鼠笼式电动机的额定电压只有380 V这一个等级,而大功率异步电动机可采用3 000 V和6 000 V等级的电压。

在选择电动机额定转速时,主要考虑生产机械的要求,一般不低于500 r/min,原因在于在单位功率下,当功率一定时,电动机的转速越低,其尺寸越大,价格越贵,且效率也越低,因此在购买高速电动机时搭配一台减速器是比较经济的选择。异步电动机的同步转速一般为1 500 r/min。

二、三相异步电动机的启动与调速分析

（一）启动原理

1. 启动电流

在电动机刚启动时，静止转子与旋转磁场之间的相对转速较大，磁力线会以很高的速度对转子导体进行切割，此时无论是转子绕组中的感应电动势、产生的转子电流还是定子电流，都会比较大。常见的中小型鼠笼式电动机在启动时，电流是额定电流的 5～7 倍。需要注意的是，要避免在实际应用过程中频繁启动电动机，如在切削加工过程中，只需摩擦离合器或者电磁离合器将主轴与电动机轴脱开即可，不必将电动机完全停止。

2. 启动转矩

当电动机启动时，转子电流 I_2 虽然很大，但转子的功率因数 $\cos\varphi_2$ 很小，由公式 $T = K_T \Phi I_2 \cos\varphi_2$ 可知，电动机的启动转矩 T 较小，通常 T_{st}/T_N =1.1～2.0。

启动过程中应该提高转矩，如果启动转矩过小，会导致以下两种情况出现：第一种情况是启动时间增加；第二种情况是无法实现满载启动。而转矩过大也会因冲击过大对传动机构造成破坏。因此空载启动是机床主电机启动的常见方法，这种方法对启动转矩不做要求。

总结来看，启动时电流过大、转矩过小是异步电动机的主要弊端，所以在启动时应该通过合适的方法减小电流以满足转矩要求。

（二）启动方法

鼠笼式异步电动机和绕线式异步电动机有不同的启动方法。三相鼠笼式异步电动机的启动方法一般有三种，即直接启动、降压启动和软启动。三相绕线式异步电动机的启动方法一般有两种，即转子串电阻启动和转子串频敏变阻器启动。其中绕线式电动机的启动电流小、转矩大、性能良好，但结构相对复杂。下面主要介绍直接启动和降压启动。

1. 直接启动

直接启动是指将额定电压通过刀开关或者接触器直接加在电动机定子绕组上，使电动机在额定电压下启动的方法，又可称作"全压启动"。出于对启动电流过大的考虑，供电、动力部门根据电动机功率和供电变压器容量的比值，对可以进行直接启动的条件进行了严格规定。在可进行独立变压器供电（变压器供动力用电）时，如果电动机启动频率较高，只有在电动机功率小于变压器容量的 20% 时才能直接启动；如果电

动机启动频率较低,只有在电动机功率小于变压器容量的30%时才可以直接启动。而在无法进行独立变压器供电(与照明共用电源)时,如果电动机启动频率较高,可以不需要启动设备而直接启动,这样一方面保证了启动速度,另一方面操作流程简单,因此,条件允许时应该将这种方式列为首选。

2. 降压启动

降压启动是指启动时为了减小电流,将定子绕组上的电压降低等待转速达到额定转速时,恢复全压运行的方法。降压启动常在大中型鼠笼式电动机轻载或空载启动时使用,包括以下几种方式。

(1)星形—三角形(Y-△)换接启动

启动时将定子绕组接成星形,在转速达到额定转速时转化为三角形。通过这种方法,定子绕组的每相电压都能在启动时降低。一般来说,这种方法常在定子绕组为三角形联结的电动机正常工作时应用。

星形—三角形换接启动成本低、动作安全、方法简单,因此在轻载启动条件下,应优先采用。

(2)自耦降压启动

这种启动方式是在电动机启动过程中,通过三相自耦变压器降低端电压。启动时电源接三相自耦变压器,直到转速临近额定值时再接电动机,将自耦变压器切除。这种降压启动方法还可以减小启动电流和转矩,通常用于容量较大的鼠笼式异步电动机。

(三)调速方法

三相异步电动机的调速方法包括变极调速、变频调速、串级调速、双馈调速、液力耦合调速、变转差率调速等。从调速时的能耗来看,有高效调速方法与低效调速方法两种。其中高效调速指调速时转差率不变,此方法无转差损耗,如多速电动机调速、变频调速以及能将转差损耗回收的调速方法(如串级调速)等;低效调速是指有转差损耗的方法。以下介绍其中几种调速方法。

1. 变极调速

根据电动机的工作原理可知,当电源频率固定时,电动机同步转速会随着磁极对数的变化而变化,从而改变电动机转速。当磁极对数减少到一半时,同步转速和电动机转速都能够提高接近一倍。

多速电动机通常通过改变定子绕组的接法来改变磁极对数。而鼠笼型异步电动机的转子绕组没有固定的磁极对数,在其制造过程中从定子绕组中抽出了一些接线头,这样就实现了转子绕组与定子绕组的自适应,因此鼠笼型异步电动机更适合变极调速。

(1)变极原理

出于便捷性和直观性考虑，单绕组双速电动机的定子由一个线圈组构成的线圈表示，每相绕组由两个圈数相同的"半相"绕组组成，即a1、x1与a2、x2，此时假设相电流以U1为首进入，以U2为尾流出。两个"半相"绕组串联后，采用右手螺旋定则，以绕组中的电流方向为基础来判断磁场的具体方向，此时的电动机所形成的磁场为$2p=4$（p为极对数）。

将两个"半相"绕组a1、x1与a2、x2尾尾相串联或首尾相串联，就形成了一个$2p=2$的磁场。

从以上分析可以得出，更改定子绕组的接线方式可以改变每相定子绕组内一半绕组电流的方向，进而使磁极对数发生变化。如果在定子中安放两套满足各自磁极对数需求的独立绕组，在两套独立绕组内，每套还可以进行不同联结，那么就可以得到双速、三速甚至四速电动机，统称为多速电动机。变极调速在双速异步电动机中使用广泛。

绕线转子异步电动机基本不采用变极调速，原因在于它的转子磁极对数与定子磁极对数不能进行自适应变化，而将二者同时改变又十分复杂。

(2)变极调速方法

现阶段，我国多极电动机采用的定子绕组联结方式主要有两种，分别是星形改双星形和三角形改双星形。这两种方式都可以实现在每相绕组中改变"半相"绕组的电流方向，从而使电动机的磁极对数减半。星形改双星形常记为Y–YY，其中YY代表高速，Y代表低速；而三角形改双星形则可以记为△–YY，其中YY代表高速，△代表低速。

为了确保电动机的转向不受调速的影响，需要同时改变定子绕组的接线和相序，其中定子绕组相序的改变方法即将两相绕组的出现端进行对调。原因在于，电角度在电动机定子圆周上等于$p×$机械角度。所以当电动机的绕组方式为YY接线时，$p=1$，且U、V、W三相绕组在空间分布的电角度依次为0°、120°、240°；而当$p=2$时，U、V、W三相绕组在空间分布的电角度依次变为0°、120°×2=240°、240°×2=480°。由此可知，三相绕组的相序会在变极前后发生相应的变化，所以为了保持电动机的转向不发生变化，只能在变极前后将定子绕组的两相出线端进行对调。

(3)变极调速的性质

星形改双星形和三角形改双星形绕组方法在变极调速过程中具有不同的性质。

星形改双星形属于恒转矩变极调速方式，在变极调速时，不会对电动机的结构和定子绕组本身产生影响。假定电动机的功率因数和效率在变极前后保持固定，通过线圈组的电流为额定电流，这样通过推导可以得出以下结论，即电动机允许输出功率与转矩在变极前后的关系为 $P_{YY}=2P_Y$ 和 $T_{YY}=T_Y$。由此可见，即便电动机的输出功率和转速会因为定子绕组的联结方式从星形变为双星形而增大一倍，但其输出转矩不会发生变化。因此，在起重机、运输带和电梯这一类具有恒转矩负载的控制电路中，调速方式通常使用 Y-YY 变极调速。

三角形改双星形属于恒功率变极调速。经理论推导可知，电动机允许输出功率与转矩在变极前后的关系为 $P_{YY}=1.15P_\triangle$ 和 $T_{YY}=0.58T_\triangle$。在定子绕组从△联结变为 YY 联结后，磁极对数会减少一半，而电动机的输出转矩也会减小一半，且速度较原来增加一倍，但功率几乎不发生变化。因此这种变极调速方式常用于车床切削一类的恒功率负载情况，如在精车情况下，进给量较小但转速快，粗车时进给量大但转速慢，而两者的功率近似不变。

变极调速具有操作简单、运行稳定的优点，无论是恒功率负载还是恒转矩负载都适用。其缺点在于，转速变化只能成倍进行，造成调速平滑性不足。因此变极调速主要在金属切削机床等不需要无级调速的场合中使用。

2. 变转差率调速

（1）调压调速

T_m 会随着电压的改变而发生变化，但 n_0 与 S_m 不会随之变化。对于离心式通风机型负载而言，由负载转矩特性曲线 2 与不同电压下电动机的机械特性的交点可以看出，调速范围稍大。而对于恒转矩性负载 T 来说，从负载转矩特性曲线 1 与不同电压下电动机的机械特性的交点可以看出，电压的变化对速度的影响不大，因此调速范围较小。这种方法常用在定子回路串电阻、定子回路串电抗器以及利用晶闸管调压调速的过程中。

（2）转子回路串电阻调速

在转子回路串电阻调速方法中，随着外加电阻的增大，电动机的转速降低。该方法只适用于绕线转子异步电动机。

3. 变频调速

变频调速的原理是调整三相异步电动机的电源频率，使旋转磁场的同步转速发生变化，最后实现调速。电源频率提高，电动机转速提高；电源频率下降，电动机转速下降。变频调速的优点在于调速范围大、调速精确度高，同时具有良好的动态与静态特性。利用变频器调整电源频率来对三相异步电动机进行变频调速已经在工业和农业生产中得到了广泛运用。

（四）制动方式

三相异步电动机的制动方式有机械制动和电气制动两种。

机械制动是利用机械装置来迫使电动机迅速停车的方法。电磁抱闸装置是一种常见的机械制动装置，与电动机安装在同一根轴上，包括通电制动型和断电制动型两种类型。通电制动型电磁抱闸的机制是电磁抱闸得电后电动机制动，而电磁抱闸失电时电动机自由转动，这种制动装置常用于机床设备，在调整和对刀过程中用手扳动主轴即可；在断电制动型电磁抱闸中，闸瓦会在电磁线圈失电后抱住电动机转轴并制动，当电磁线圈得电时自动松开，使电动机自由转动，这种制动装置在起重机或卷扬机中比较常见，能够有效避免停电造成重物下落，造成事故发生。

电气制动指的是利用电动机内部产生的与电动机转动方向相反的制动转矩，使电动机快速降低转速，并从转动的惯性中强制停止的方法。比较常见的电气制动包括反接制动和能耗制动。

1. 反接制动

（1）倒拉反接制动

在绕线转子异步电动机拖动重力负载低速下放时，适合选用倒拉反接制动法，使起重机将物体缓慢放下。

（2）电源反接制动

电源反接制动就是将运行中的电动机电源反接（将电源线中的任意两根对调）进行电动机制动的方法。虽然电动机由于自身存在机械惯性无法即刻改变转速，但会产生与电动机旋转方向相反的旋转磁场和电磁转矩，由于制动转矩的作用，转子会迅速停止转动。

电源相序会在电动机电源线反接的瞬间发生变化，产生的旋转磁场和电磁转矩也会随之反向。在进行反接制动的过程中，转子与旋转磁场会以接近同步转速两倍的速度进行旋转，这时所产生的感应电流与感应电动势比较大，而反接制动的电流几乎达到额定电流的 10 倍，因此必须将反接制动电阻串联在定子回路笼型异步电动机中，从而对反接制动电流进行限制。

为了限制制动过程中的电流以及增加制动转矩，在制动过程中，绕线转子异步电动机会将制动电阻串入转子回路。

一般而言，电源反接制动表现出两个特点：一是在电动机转速降低的情况下制动转矩仍能保持很大，保证了较大的制动力矩和制动速度，但过大的制动强度很容易导致机械自身受损；二是在负载转矩比电动机阻矩小的条件下，制动时可以使负载反转的速度加快，但只有在制动至转速为零时迅速断电才能实现停车，因此电源反接制动的一大弊端在于停车准确性不足。

综上所述，为了防止电动机反向启动，需要在反接制动的过程中采取一系列措施，以达到转速接近零时立即断电的效果。速度继电器就是实际生产活动中常见的速度检测辅助工具，可以帮助制动过程实现转速接近零时的自动断电。

2. 能耗制动

能耗制动是一种应用广泛的电气制动方法，在电动机断开三相电源停车的同时，将直流电源接入定子绕组，利用转子感应电流与静止磁场的作用产生制动转矩。当转速降至零时，电动机停转，再将直流电源切除，制动结束。这种制动方法实质上是把转子原来储存的机械能转变成电能，又消耗在转子的制动上，所以称作能耗制动。

能耗制动控制有采用时间继电器控制和采用速度继电器控制两种形式。

三、三相异步电动机的操控方法

直接启动控制电路是三相异步电动机的主要操控方法。一般而言，电动机容量在直接供电变压器容量的20%～30%时，将电动机与电网直连，同时附加额定电压就可以实现直接启动。

（一）直接启动的启动过程

SB1是启动按钮，当按钮SB1被按下后，接触器KM线圈通电，与SB1并联的KM的辅助常开触点闭合，以保障KM线圈在SB1按钮松开后也可以继续通电，而串联在电动机中的KM主触点保持闭合，电动机连续运转，最终成功实现连续运转控制。

（二）直接启动的停止过程

SB2是停止按钮，当按下SB2时，接触器KM线圈断电，与SB1并联的KM的辅助常开触点随即断开，这样就确保了KM线圈在SB2松开后也能继续失电，与电动机回路串联的KM主触点保持断开，电动机停止运行。其中，与SB1并联的KM的辅助常开触点产生的这种作用又名自锁。

起短路保护作用的是串接在主电路中的熔断器，一旦电路发生短路故障，熔体立即熔断，电动机立即停转。

零压保护又称为欠压保护，其工作原理是接触器KM线圈在短路时断电、电压严重不足时出现电磁吸力大幅度减小的现象，直接导致衔铁自动释放，而后主触点与辅助触点会自动复位，电源随之切断致使电动机工作停止，门锁状态解除。在零压保护的过程中，接触器KM是起到保护作用的关键。

过载保护的工作原理是热继电器的常闭触点会在其自身发热元件热量过大时发生断开现象，造成接触器 KM 线圈电流的切断，使 KM 主触点在电动机回路中断开，进而使电动机运转停止。同时 KM 辅助触点也会断开，自锁状态解除。排除故障后需要重新启动电动机，这时为了保证常闭触点闭合，应将复位按钮按下。

第四节　三相异步电动机的正、反转控制

一些机械设备的传动部件会因为具体生产工作需要而发生运动方向的变化，比如日常生活中的电梯可以上升或下降，生产加工中铁床的工作台可以向左或向右，而运动方向的改变需要电动机能够进行正、反两个方向的运行。

一、三相异步电动机正、反转控制的基本配件

（一）正、反转控制中的熔断器

熔断器一般与被保护电路串联，流经熔断器的电流会在电路出现短路、过载等意外情况时超出设定数值，导致熔断器内的熔体被自身发出的热量熔断，进而通过自动分断电路实现对该电路的保护。熔断器的安装可以有效地防止电路中意外事故的大规模蔓延，将损害控制在一个较小的范围内，保证整体电网和用电设备的安全。

由于熔断器具有构造简单、体积小、重量轻、易于维护、成本不高、稳定可靠等优点，得到了广泛应用。

熔断体、触头插座、绝缘底板是构成熔断器的三个主要部件。其中，熔断体又称熔体，是熔断器的核心元件，一般放置在有灭弧作用的绝缘管内，在制造时通常选用两种类型的金属作为基本材料：第一种金属材料制成的熔体通常在电流较小的电路中应用，这类金属材料熔点较低，如铅锡合金、锌、铅等；第二种金属材料制造的熔体常常用在电流较大的电路当中，这些金属材料熔点高，相对耐热，如银、铝、铜等。设计时，熔体的外观通常为丝状或者片状。

1. 熔断器的主要参数

（1）额定电压

熔断器的额定电压是指熔断器能长时间工作的电压，是熔断器多个部件（如熔体、熔断器支持件等）的额定电压的最低值。

（2）额定电流

熔断器的额定电流指的是在熔断器长时间工作的条件下，熔断器各部分升温不超

过允许值时，所允许通过的最大电流。熔断器的额定电流有两种：熔体额定电流和熔管额定电流，熔体的额定电流不能超过熔断器的额定电流。

（3）极限分断能力

熔断器的极限分断能力与熔体额定电流的关系不大，而与熔断器的灭弧能力紧密相关，是熔断器在额定电压下进行可靠分断的最大短路电流值。

（4）安秒特性

安秒特性又叫作保护特性、熔断特性，是指在规定的工作条件下，流过熔体的电流与熔体熔断时间的关系曲线。根据安秒特性可知，熔断器的熔断时间与电流大小成反比，也就是说，熔断器的熔断时间会随着电流增加而缩短。但在电气设备出现轻微过载情况时，熔断器会因过载反应灵敏度不足而导致熔断时间大幅延长，所以熔断器常做短路保护。

2.熔断器的选择

熔断器的选择需要在明确被保护电路的前提下考虑熔断器的类型、额定电压、额定电流以及熔体的额定电流等因素。

（1）熔断器类型的选择

在选择熔断器的类型时，要从电动机容量的方面进行考虑。对于容量小的电动机和照明支路，常采用熔断器作为过载保护和短路保护，因而熔体的熔化系数可适当小些，通常选择铅锡合金熔体的RQA系列熔断器。对于容量较大的电动机和照明干路，则应着重考虑短路保护和分断能力，因此RM10和RL1系列等分断能力强的熔断器应当成为首选；如果短路电流过大，RTO和RT12系列等具备限流作用的熔断器更为合适。

（2）熔断器额定电压与额定电流的选择

在额定电压的选择上，熔断器的额定电压必须大于或等于线路的额定电压；在额定电流的选择上，熔断器的额定电流必须大于线路的额定电流。

（3）熔体额定电流的选择

在保护启动过程平稳的电阻性负载，如照明线路电阻元件、电炉等时，熔体的额定电流应大于或等于负荷电路中的额定电流。在保护单台长期工作的电动机时，熔体额定电流按$I_{NF} \geq (1.5 \sim 2.5)I$选取，其中$I_{NF}$为熔体额定电流，$I$为电动机额定电流，这种情况一般适用于对单台长时间工作电动机的保护；在保护多台长期工作的电动机时，熔体额定电流按$I_{NF} \geq (1.5 \sim 2.5)I_{max} + \sum I$选取，其中$I_{max}$代表容量最大的单台电动机的额定电流，代表其余电动机额定电流之和。

（4）熔断器的级间配合

合理的熔断器级间配合可以在供电干、支路等线路发生故障时，避免造成越级熔断的危险，使事故规模得到有效控制。因此在熔体的额定电流上，上级熔断器（供电干路）最好比下级熔断器（供电支路）大一到两个级差。

（二）正、反转控制电路中的热继电器

热继电器是一种在电流经过发热元件时，使发热元件产生热量并使金属片弯曲，进而推动机构工作的电器。热继电器在电动机中的作用主要包括过载保护、三相电流不平衡运行保护及断相保护。

热继电器类型的选择需考虑以下几个因素。

（1）热继电器有两相、三相和三相带断相保护等形式。其中，两相或三相热继电器适用于定子绕组为星形联结的电动机；三相带断相保护的热继电器一般适用于定子绕组为三角形联结的电动机。

（2）热继电器额定电流的选择应该参考电动机的额定电流。通常情况下将电动机额定电流的 1.05~1.1 倍作为应选择的热继电器的额定电流。此外，在使用热继电器的过程中，为了更好地发挥其过载保护功能，要把热继电器的整定电流旋钮调至整定电流位置。

二、正、反转控制的工作原理

在正、反转控制电路中，接触器连锁控制是一种常见的控制方法，具体是通过串联的方式把接触器常闭触头与另一接触器线圈连接。当正转接触器工作时，其常闭触头以断开反转控制电路的方式使反转接触器线圈断电，进而造成电动机无法进行反转。同理，反转接触器也可以通过连锁控制正转电路，使正转电路无法工作。由于不会出现接触器主触头熔断导致电源短路的情况，接触器连锁方法的安全性能够得到保障。这种方式常见于不要求变向的工作场合，因为在对电动机进行变向的过程中需要按下停止按钮，电动机转速会发生变化。

接触器连锁控制的具体工作原理是，通过把三根接入电动机的电源线中的两根调换位置，使电源相序发生变化，使定子绕组产生相反方向的旋转磁场，随后电动机进行反向转动。因此，在进行电动机电源相序调节的过程中，只要两个接触器就可以成功地对电动机进行正、反转控制。

若想使电动机正转，需要将电源相序 L1-L2-L3 引入正转接触器 KM1；若想使电动机反转，需要将电源相序 L3-L2-L1 引入反转接触器 KM2。但由于存在电源短路的隐患，不可以将正、反转接触器在同一时刻接通。

三相电源 L1、L2、L3 在 KM1 主触点接通时根据 U-V-W 相序接入电动机，从而实现电动机正转；而在反转前，三相电源 L1、L2、L3 会在 KM2 主触点接通时以 W-V-U

相序连接至电动机。

正、反转控制电路可理解为两个相反的单向控制电路,在线路工作过程中,先后按下 SB2、SB3 使 KM1、KM2 正、反两接触器同时得电,导致二者主触点闭合,L1、L3 发生短路。由此可知,在线路正常工作时,不能让 KM1 和 KM2 同时得电,使 KM1 和 KM2 正、反两接触器分别在对方的线圈回路中通过串联形式连接。通过这种方式,正转接触器的常闭触点 KM1 会在得电时断开,使反转接触器无法得电工作;同理,反转接触器工作时,KM2 断开导致正转接触器无法正常得电工作。在这种情况下,KM1、KM2 两常闭触点被称为互锁触点,而二者在线路中起到的作用被称为互锁。此电路要使异步电动机由正转到反转或由反转到正转,需要首先按下停止按钮 SB1,然后反向启动电动机,启动顺序只能为正—停—反。

然而,正—停—反的操作顺序存在中途断开接触器线圈的过程,使 KM1、KM2 这两个接触器无法同时得电,无法彻底满足实际生产的需要,因为在生产过程中,电动机能够直接完成正、反转运行十分必要,换言之,电动机必须实现正—反—停的操作顺序。对此,可以通过复合按钮的常开、常闭触点形成的机械联动进行互锁,最终实现正—停—反的操作顺序。在这一过程中,正转变成反转时只需要按下 SB3,就可以将其串联在止转接触器线圈回路中的常闭触点断开,致使 KM1 线圈失电并停止正转,接下来 SB3 的常开触点会闭合并使 KM2 线圈得电,电动机开始反转。反之,若想电动机进行反转,只需按下 SB2。这种控制电路就是双重连锁电路,它可以实现接触器和按钮双重互锁,在操作和安全性上都具有更大的优势,因此被广泛应用在各种电气控制系统中。

三、安装正、反转控制电路的步骤

(一)基本工具、仪表、器材

在安装控制电路的过程中,需要一些基本工具,包括螺丝刀、斜口钳、测电笔、尖嘴钳、剥线钳、电工刀等,同时要用到万用表、兆欧表以及控制板、连接导线和元件(如表 4-2 所示)。

表 4-2 安装电路所需元件

序号	元件名称	序号	元件名称
1	三相笼型异步电动机 M(380 V)	6	反转启动按钮 SB3
2	刀开关 QS	7	停止按钮 SB1
3	熔断器 FU1、FU2	8	接触器 KM1、KM2

续表

序号	元件名称	序号	元件名称
4	热继电器 FR	9	端子板 XT
5	正转启动按钮 SB2		

（二）安装接线

将各种工具、仪表、器材准备齐全，确保其能够进行稳定的动作后，将其布置在布线网上。接线要根据先主电路、后控制电路的顺序进行，同时重点关注正、反转接触器主触点上的电源相序，避免出现接错的情况。进行控制电路接线时，在接连锁线路前需要将正、反接触器的自保线路提前接通。

（三）检查

检查的内容主要包括主电路两接触器之间的换相线，辅助电路自锁、按钮互锁、接触器辅助触点互锁线路，特别注意自锁触点用接触器自身的常开触点，互锁触点是将自身的常闭触点串入对方的线圈回路。接下来需要通过检查各端子处接线的牢固性，排除虚接故障。最后利用万用表检查主电路的短路情况与控制电路的通电情况。

（四）通电试车

最终测试时，把三相电源线连通并将刀开关 QS 闭合，在按下正转启动按钮 SB2 后，电动机进行正转工作；在按下反转启动按钮 SR3 后，电动机停止正转并开始反转；在按下停止按钮 SB1 后，电动机停止运转。

在最终测试过程中，需要持续关注接触器的吸合与电动机的运行状态，为意外情况的出现做准备。一旦意外发生就停止通电并检查问题，在排除问题后重新进行通电试车。

第五章 直流电机与控制

第一节 直流电机的基础知识

一、直流电机的结构

（一）定子

定子是直流电动机中静止不动的部分，其中包括机座、主磁极、换向磁极、前后端盖、电刷装置等部分。

1. 机座

机座从材质上看，通常是铸钢件，无缝的钢管也可以用于小功率直流电动机的机座制作。通常来说，机座有两个作用：其一，作为电动机磁路闭合路径的构成部分；其二，作为安装主磁极、换向磁极和前后端盖等部件的装置。

2. 主磁极

主磁极的作用是产生一定分布形状的气隙磁密，由主磁极铁芯和励磁绕组两部分组成。

（1）主磁极铁芯

主磁极铁芯是由薄钢板（1~1.5 mm）和铆钉制成的，是电动机磁路的一部分。

（2）励磁绕组

励磁绕组是由铜线制成的（小型电动机采用绝缘铜线，中型、大型电动机采用扁铜线）。将励磁绕组在专用设备上绕好后，要对它进行绝缘处理。然后把它安装在主磁极铁芯上。励磁绕组的作用是通入直流电流，产生励磁磁动势。

3. 换向磁极

换向磁极是由铁芯和绕组共同组成的，安装在两个相邻的主磁极间的几何中性线上。换向磁极与主磁极一个隔一个均布在机座内部。它的作用是产生换向磁场以改善直流电动机的换向性能，以及减小电刷装置与换向器的接触面上产生的火花。

4. 前后端盖

前后端盖从材质来看，一般都是钢铸件。在将其固定到机座两侧的过程中要用到螺钉。而它们在直流电机中主要起到两种作用：其一，用来固定轴承；其二，用来固定整个电枢。

5. 电刷装置

电刷装置就是引入或引出电枢电路的装置，采用金属石墨或石墨制成，其主要组成部分为电刷、刷握、刷杆和弹簧等。在安装电刷装置时，要用弹簧以一定的压力按放在转子换向器的表面。刷握用螺钉固定在刷杆上，每一个刷杆上的一排电刷组成一个电刷组，同极性的各刷杆用线连在一起，再引到出线盒。

要想使电机正常运行，就需要选择合适的电刷装置。在选择电刷装置时，要综合考虑电机对电刷的技术要求和技术特性，包括接触特性和理化特性。

（二）转子

转子又称为电枢，是电动机的旋转部分，由电枢铁芯、电枢绕组、换向器等部分组成。

1. 电枢铁芯

电枢铁芯一般由厚 0.3~0.5 mm，表面有绝缘层的硅钢片叠压制成。电枢铁芯外圆上有可以放置电枢绕组的铁芯槽。电枢铁芯作为主磁路闭合路径的组成部分之一，有着改变磁通方向和大小的作用。其通过在 S 极和 N 极下进行旋转来发挥作用，但在这一过程中会出现磁滞、涡流损耗等问题。

2. 电枢绕组

电枢绕组通常用圆形（用于小容量电动机）或矩形（用于大、中容量电动机）截面的导线绕制而成，然后按照一定的规律嵌放在铁芯槽中，并利用绝缘材料对线匝之间以及整个电枢绕组与电枢铁芯之间进行绝缘处理。电枢绕组的主要作用是用来产生感应电动势和电磁转矩，从而实现机电能量的相互转换。

3. 换向器

作为将交流电动势（存在于电枢绕组内）转化为直流电动势（存在于电刷间）的部件，换向器（又称整流子）在直流电机中起着关键作用。它由形状为圆形、材料彼此绝缘的硬质电解铜或铜镉合金制成的换向片组成。换向片与V形压环之间用云母（厚度为 0.4 ~ 1.0mm）绝缘，每片换向片的端部都有凸出的升高片，用来与绕组元件引线端头连接。

二、直流电动机的分类

（一）根据产生主磁场的方式划分

励磁方式是指直流电动机产生主磁场的方式。直流电动机产生主磁场的方式主要有两种：其一是由永久磁铁产生，即永磁式；其二是把直流电通入主磁极绕组，即励磁式。根据主磁极绕组与电枢绕组连接方式的不同，励磁式直流电动机可又分为他励、并励、串励、复励四类。

1. 永磁式电动机

在最初阶段，由于技术水平的限制，仅有小功率的电动机才能应用永磁式电动机。后来随着时代的发展和科技的革新，研究者发现了能够使永磁式电动机在大功率电动机上使用的材料——钕铁硼永磁材料。这种材料的发现，使永磁式电动机的功率实现了从几毫瓦到几十千瓦的巨变。当今，诸如铝镍钴、铁氧体及稀土等材料也都被用于永磁式电动机的制作。

永磁式电动机具有体积小、结构简单、重量轻、损耗低、效率高、使用寿命长等优点，被广泛应用于各行各业。

2. 励磁式电动机

（1）他励电动机

他励电动机是直流电动机的一种，其特点是励磁绕组和电枢绕组由两个单独的电源供电，调速范围较宽且环保、高效，广泛应用于一些主机拖动及转速比较稳定的系统中。

（2）并励电动机

并励电动机是一种励磁绕组和电枢绕组并联后由同一个直流电源供电的直流电动机，这时电源提供的电流 I 等于电枢电流 I_a 和励磁电流 I_f 之和，即 $I = I_a + I_f$。

并励电动机励磁绕组的特点是导线细、匝数多、电阻大、电流小。这是因为励磁绕组的电压就是电枢绕组的端电压，这个电床通常较高，而励磁绕组电阻大，从而使 I_f 减小，减小一定的损耗。由于 I_f 较小，为了产生足够的主磁通 Φ，就应增加绕组的匝数。由于 I_f 较小，可近似为 $I = I_a$。并励直流电动机的机械特性较好，在负载发生变化时，转速变化很小，并且转速调节方便，调节范围大，启动转矩较大。

（3）串励电动机

串励电动机是指励磁绕组与电枢绕组串联之后接直流电源的电动机。串励电动机励磁绕组的特点是其励磁电流 I_f 就是电枢电流 I_a，这个电流一般比较大，所以励磁绕组导线粗、匝数少、电阻小。串励电动机多用于负载在较大范围内变化的和要求有较大启动转矩的设备中。

（4）复励电动机

这种直流电动机的主磁极上装有两组励磁绕组，一组与电枢绕组串联，另一组与电枢绕组并联，所以复励电动机兼有串励电动机和并励电动机的特点。

（二）根据有无刷划分

1. 无刷直流电动机

无刷直流电动机以电子换向装置代替了普通直流电动机的机械换向装置，因此在结构上，无刷直流电动机与永磁电动机类似。

为了进行合理换相，无刷直流电动机将绕组接成三角形或星形，再将多组绕组嵌进铁芯，连接在逆变器的各个功率管上。转子一般采用稀土材料制成，因为其具有高剩磁密度和高矫顽力等特点。由于无刷直流电动机本体为永磁电动机，习惯上也把其叫作永磁无刷直流电动机。

（1）无刷直流电动机的控制策略

随着现代工业的发展，通过改善各种控制策略的方法，来满足对电机性能的高要求。无刷直流电动机本质上是一个非线性、多变量、强耦合的控制对象。虽然传统的 PID 控制算法简单，并且易于实现，但是依旧无法满足无刷直流电动机快速性、稳定性和健壮性的要求。因此，传统的 PID 控制很难实现对无刷直流电动机的高性能控制。所以，国内外许多专家对其控制策略做了相应的研究，在这里主要介绍以下几种。

①模糊控制。随着控制对象的复杂性、非线性、滞后性和耦合性的增加，人们获得精确指示量的能力相对减少，运用传统精确控制的可能性也在减小。模糊控制是一种基于自然语言控制规则、模糊逻辑推理的计算机控制技术，它不依赖于控制系统的数学模型，而是依赖于由操作经验、表述知识转换成的模糊规则。当无刷直流电动机负载扰动和电机内部参数变化时，模糊控制能使其在线自调整，保证了无刷直流电机的快速响应和较小的稳态误差。

②神经网络控制。神经网络控制是一种模仿人脑生理结构和工作机理的数学模型，是人工神经网络与自动控制相结合的产物。它具有人脑可以并行处理信息、模式识别、记忆和自学习的能力，因而能够很好地实现对多维度、非线性、强耦合和不确定的复杂系统的自动控制。无刷直流电动机的神经网络控制能改善调速系统的动态和静态性能，具有良好的控制效果。

③滑模变结构控制。滑模变结构控制是不连续的，常规控制是连续的，这是滑模变结构控制与常规控制的根本区别。其固有的特点是：滑模变结构控制的系统很难被系统本身的参数变化和外在干扰影响。滑模变结构的这种特性是由系统所设计的滑模

面所决定的。好的滑膜面设计能够给系统带来很好的稳定性和动态品质。但是，系统在滑模变结构的控制中，很难按所设计的滑模面理想地运动，而是在滑模面的附近穿越运动，这种运动方式致使滑模变结构控制产生了抖振现象。这是滑膜变结构控制实际应用中的主要障碍。然而，这种控制方式在无刷直流电动机调速系统的控制中还是得到了较多的应用，目前主要研究如何削弱抖振对系统的影响，使无刷直流电机的滑模变结构控制系统更加完善。

（2）无刷直流电动机控制系统的组成

无刷直流电动机采用电子换向装置来代替传统直流电机的机械换向装置，因此无刷直流电动机必须配备相应的电子换向电路才能工作。具体来说，无刷直流电动机控制系统包含以下几个部分：无刷直流电机、位置传感器、电子换向电路和直流电源。无刷直流电机虽然具备类似直流电机的机械特性，但其本质上是交流电机，本体结构主要由定子电枢绕组和转子永磁体组成。目前，考虑到电机的性能及成本，无刷直流电动机的定子绕组多为Y形联结，常用的形式有整距集中式、整距分布式和短距分布式等，而转子永磁体常用的结构有表贴式、嵌入式以及环形等。

无刷直流电动机通过电子换向电路实现绕组的换向操作，因此其需要确认转子的实际位置，以确保换向操作的正确性，故用来检测转子位置的位置传感器必不可少。随着科技的进步，各种各样的位置传感器层出不穷，有测直线位移的，如光栅传感器；有测角位移的，如光电编码盘。在无刷直流电动机控制系统中，常用的位置传感器有精度较高的旋转变压器和光电编码盘，还有精度较低的霍尔传感器。在无刷直流电动机方波控制中，电机转子在一个电周期内是跃动转动的，所停的位置只有六个点，因此只需要判断转子位于哪个点即可，不需要精确的位置。此时只需三个价格低廉、体积小的霍尔传感器就可以准确判断转子位于哪个点，满足控制的需求。

2. 有刷直流电动机

有刷直流电动机的铜刷或碳刷置于电动机后盖（通过绝缘座），再在转子的换向器上接电源正负极以连通上面的线圈，三个线圈极性不断地交替变换，与外壳上固定的两块磁铁形成作用力而转动起来。有刷直流电动机既有优势也有缺陷：优势在于制造方法简单、制造成本低廉；缺陷在于电刷与换向器间存在巨大摩擦，阻力巨大、热量散失严重、效率较低。

三、直流电机的特点

直流电机具有以下特点：
① 它具有较高的调速特性，且调速范围非常广。
② 能快速进行启动、制动和逆向运转。

③ 能够满足自动化要求。
④ 可靠性强且易于控制。
⑤ 调速所需能量损耗较少。

四、直流电机的工作原理

（一）直流发电机的工作原理

直流发电机的工作原理就是利用磁极中的剩磁作用，在发电机的转动下，使直流电动机的电枢绕组切割磁力线产生励磁电流，此电流加强了磁极的磁场，使励磁电压及励磁电流增加，如此循环，直至建立额定电压。

两极直流发电机的工作原理：N 和 S 代表的是磁极，它们是一对固定不动的磁极，即直流电机的定子。N、S 磁极之间装有铁质圆柱体，它的外表面被开槽，其中放有电枢线圈 abcd，整个圆柱体可在磁极内部旋转，即转子。电枢线圈 abcd 的两端分别与固定在轴上相互绝缘的两个半圆铜环（换向片）相连接，便构成了简单的换向器，它通过电刷 A 和电刷 B（均静止不动）来连接外电路和电枢线圈。电枢由原动机拖动，以恒定转速完成旋转。当线圈有效边 ab 和 cd 割磁力线时，便在其中产生感应电动势，其方向可用右手定则确定。在顺时针旋转情况下，导体 ab 中的电动势方向由 b 指向 a，导体 cd 中的电动势则由 d 指向 c，从整个线圈来看，电动势的方向为 d 指向 c 通过端部连接线包，再由 b 指向 a。因此外电路中的电流自换向片 1 流至电刷 A，然后经过负载流至电刷 B 和换向片 2，进入线圈。此时，电流流出线圈处的电刷 A 为正电位，用"+"表示；而电流流入线圈处的电刷 B 为负电位，用"−"表示。也就是电刷 A 相当于电源的正极，电刷 B 相当于电源的负极。

在电枢经过 180° 旋转之后，导体 ab、cd 的位置以及换向片 1 和换向片 2 的位置互换，这两个过程是同时发生的。互换完成之后，电刷 A 通过换向片 2 与导体 cd 相连接，此时由于导体 cd 取代了 ab 转到 N 极下，电刷 A 的极性仍然为正；同时电刷 B 通过换向片 1 与导体 ab 相连接，而导体 ab 此时已转到 S 极下，因此，电刷 B 的极性仍然为负。可见，通过换向器和电刷，能够及时地改变线圈与外电路的连接情况，使线圈产生的交变电动势变为电刷两端恒定的电动势，保持外电路的电流按一定方向流动。

由电磁感应定律 $e = Blv$ 可知，线圈感应电动势 e 的波形与气隙磁感应强度 B 的波形相同，即线圈感应电动势。随时间变化的规律与气隙磁感应强度 B 沿空间的分布相同。在直流发电机中，气隙磁感应强度按梯形波分布。通过电刷和换向器的作用，电刷两端所得到的电动势的方向是恒定的,但大小在零与最大值之间脉动。实际应用的直流发动机的电枢上嵌放着多个连接在一起的线圈,因此电动势的脉动很小,可认为是直流电动势,相应的发电机是直流发电机。

(二)直流电动机的工作原理

在结构上,除了电刷两端直接被接在直流电源上之外,其他结构与直流发电机相同。在实际操作中,要将电源正极与电刷 A 连接,将电源负极与电刷 B 连接,电流在这个过程中由电源正极流向电刷 A、换向片 1,经由线圈 abcd 流至换向片 2 和电刷 B,最后流到负极。

在磁场中,载流导体受到电磁力的作用,其方向可以用右手定则来确定。经由右手定则可以判断导体 ab 会受到向左的电磁力,导体 cd 受到向右的电磁力。在这两个方向的电磁力的作用下,转矩产生,使电枢旋转(逆时针)。当旋转角度达到 90° 后,线圈将处于水平位置,导致线圈受到的转矩为零。但是由于电枢有机械惯性,它在电流归零后仍会继续旋转一个角度,使电刷 A 再次接触到换向片 1,电刷 B 再次接触到换向片 2,于是线圈中又有电流流过。此时电流从正极流出,经过电刷 A、换向片 2,线圈到换向片 1 和电刷 B,最后回到电源负极。在这个过程中,发生了如下变化:导体 ab 中电流的方向发生了变化,导体 ab 由 N 极下转到 S 极下,其所受电磁力方向为右,同时处于 N 极下的导体 cd 所受的电磁力方向为左。因此,在转矩的作用下,电枢继续沿着逆时针方向一直旋转下去,这就是直流电动机的基本原理。

另外,还要明确的是,电刷在直流电动机上的位置是固定的,但它受到的转矩却是脉动的,因为在这个过程中直流电流所接的线圈并不是恒定的。若想让转矩保持一种相对不变的状态,这就需把换向片的数目增加到 8 片以上,与之相对应的线圈数目也要有所增加。

直流电机既可以做发电机,又可以做电动机,这就是直流电机的可逆原理。如果原动机拖动电枢旋转,通过电磁感应,将机械能转换为电能供给负载,这就是发电机;如果由外部电源供给电机,由于载流导体在磁场中的作用产生电磁力,建立电磁转矩,拖动负载转动,又成为电动机。

第二节 他励直流电动机的机械特性

一、机械特性

电动机的电磁转矩与转速之间的关系曲线就是电动机的机械特性。对于他励直流电动机而言,电动势平衡方程为:$U = E_n + I_n R_n$,电磁转矩 $T = C_m \Phi I_a$,感应电动势 $E_a = C_e \Phi n$,转速特性 $n = \dfrac{U - I_n R_a}{C_e \Phi}$,因此可得该机械特性方程:

$$n = \frac{U}{C_e \Phi} - \frac{R_n}{C_e C_m \Phi^2} T_e \quad (5\text{-}1)$$

假定电源电压 U、磁通 Φ、转子回路电阻 R_a 都为常数,则式(5-1)可简化为:

$$n = n_0 - \beta T_e \quad (5\text{-}2)$$

式中,$n_0 = \dfrac{U}{C_e \Phi}$;$\beta = \dfrac{R_a}{C_e C_m \Phi^2}$。

n_0 所代表的是电动机的理想空载转速,即 $T_e = 0$ 时电动机的转速;β 代表的是机械特性的斜率,当改变转子回路的附加电阻或磁通时,就改变了机械将性曲线的斜率。

同一台电动机电势系数 C_e 和电磁转矩系数 C_m 之间存在下列关系:

$$C_m = 9.55 C_e \quad (5\text{-}3)$$

二、固有机械特性

固有机械特性指的是在满足了 $U = U_n$,$\Phi = \Phi_n$,$R = R_n$ 的条件下,电动机所具备的机械特性。直流电动机的固有机械特性如下:

$$n = \frac{U_n}{C_e \Phi_n} - \frac{R_a}{C_e C_m \Phi_n^2} T_e = n_0 - \beta T_e \quad (5\text{-}4)$$

式中,$n_0 = \dfrac{U_n}{C_e \Phi_n}$;$\beta = \dfrac{R_a}{C_e C_m \Phi_n^2}$。

若将电枢反应过程中的去磁作用所造成的影响忽略不计,就可以得出以下结论:Φ 是一个常数,它的数值大小与 T_e 没有关系。由于 R_a 很小,随着 R_a 的增大,T_e 只下降了很小的一部分,所以其固有机械特性曲线是一条略微向下倾斜的直线。

三、人为机械特性

人为机械特性指的是在固有机械方程中，人为对电压、磁通或转子回路电阻这三者之一进行更改时的机械特性，可以从以下三个方面来理解。

①当电压 U_n、磁通 Φ_n 不变，在转子回路中串入电阻 R_{pa} 时，对于人为机械特性，存在以下公式：

$$n = \frac{U_n}{C_e \Phi_n} - \frac{R_a + R_{pa}}{C_e C_m \Phi_n^2} T_e \quad （5-5）$$

在上述情况中，电动机的理想空载转速 n_0 不变，但它的特性曲线斜率会随着所串入电阻 R_{pa} 的增大而增大。或者说，当 R_{pa} 增大时，人为机械特性曲线增大，即改变其大小可以改变机械特性的软特性。这将有助于分析直流电动机转子回路串入电阻启动和调速的原理。

②当改变转子的电压，而不改变原有的阻值和磁通时，人为机械特性方程变为：

$$n = \frac{U}{C_e \Phi_n} - \frac{R_a}{C_e C_m \Phi_n^2} T_e = n_0 - \beta T_e \quad （5-6）$$

在这种情况下，随着电压变化，理想空载转速也会发生相应的变化，而特性曲线并不会因此发生变化。由于这个电压小于或等于额定电压，其特性曲线是一组平行且低于固有特性的平行线（与固有机械特性相比偏低，且斜率并不发生变化）。

③当磁通发生变化，而原有的电压和阻值没有发生变化时，人为机械特性方程为：

$$n = \frac{U_n}{C_e \Phi} - \frac{R_a}{C_e C_m \Phi_n^2} T_e \quad （5-7）$$

需要注意的是，一般电动机在额定磁通下运行，电机已接近饱和，因此要改变磁通，实际上只能通过削弱磁通实现。由此时的人为机械特性可知，当削弱磁通时，理想空载转速增大，且曲线斜率增大。

第三节 直流电动机的控制

一、启动控制

（一）直接启动

直接启动指的是将直流电动机直接接入额定电压的电源上完成启动。在电源被接通的瞬间，电枢没有进行运动，因而此时电枢的反电动势 $e=0$；在启动的瞬间，电枢线圈内阻两端加上了额定电压，因而这时通过的电流和转矩都较大。直流电动机的启动耗时不长，启动之后一经运转就能产生感应电动势。在此过程中，电枢的反电动势与转速成正比例变化，与电流和电磁转矩成反比例变化。启动过程结束表现为电动机进入稳定运行状态，此处的"稳定"指的是电磁转矩和负载阻力转矩平衡。

作为一种启动方式，直接启动既有优势，又有缺陷。优势在于采用这种方式无须进行太多复杂的操作，也不需要其他辅助设备；缺陷在于在操作过程中，所产生的启动电流过大，一旦接通，就可能导致出现电火花或电枢线圈损坏等问题；同时转矩过大，容易导致直流电动机中的某些组件损坏。因此直接启动只适用于家用电器这类小型的直流电动机设备。

（二）电枢回路串电阻启动

电枢回路串电阻启动又称变阻器启动，是指在启动时将一组电阻串入电枢回路中来限制启动电流。串入的一组电阻会随着转速上升而被逐个切除。在全部电阻被切除后，直流发电机就达到了额定转速。

作为一种启动方式，电枢回路串电阻启动，既有优势，也有缺陷。优势在于既能限制启动电流，又能保证启动电阻足够大；缺陷在于启动过程中会有大量的能量消耗在电阻上，从而引起电阻发热。为了避免这一问题，在实际应用中，一些功率较大的电动机还要安装相应的散热风扇来实现散热。

（三）降压启动

对于需要频繁启动和功率较大的电动机而言，可选择降压启动的方法。降压启动是指直流电动机在启动时通过暂时降低电源电压来限制启动电流。也就是说，在启动时，电源电压降低。同时，随着转速和反电势的增加，电源电压逐渐升高。最后，当达到额定电压时，电机便达到所需转速。该启动方式可使电机线性启动，无冲击转矩和冲击电流，但需要配有一套装置自动控制启动电压，因此投资比较大，一般只用于大功率电动机。直流发电机、电机组、晶闸管整流器、电机组等均以此方式启动。

二、正、反转控制

在直流电动机正常运转的过程中，只有改变电磁转矩的方向，才能使直流电动机反向运转。由 $T_e = C_m \Phi I_n$ 可知，有两种方法可以改变电磁转矩的方向：改变磁通 Φ 的方向；改变电枢电流 I_a 的方向。也就是说，要改变直流电动机的方向，要么改变励磁电压的极性，要么改变电枢电压的极性，如果两者同时改变，电动机的运转方向依旧不变。虽然改变励磁电压的极性可以改变电动机的运行方向，但这种方法在工程上并不适用，因为磁场绕组的电感很大，当其极性突然改变时，励磁线圈会产生较高的感应电动势，极易破坏励磁绕组的绝缘。因此，在他励和并励直流电动机中，通常采用改变电枢电压极性的方法来实现电动机的反转。需要注意的是，当电枢电压极性突然改变时，在改变瞬间电动机电枢的感应电动势就与原电源极性相反，即极性与改变后的电源极性相同。此时，电枢线圈将承受近原来两倍的额定电压，电枢电流将很大。因此，必须在电枢电路中串联一个大电阻，以减小电流，而当反转后该电阻又必须拆除。

由上面的分析可知，可以通过以下方法改变直流电动机的转动方向。

其一，反接电枢：在使励磁绕组的端电压极性不发生变化的前提下，改变电枢绕组端电压极性，实现电动机反转。

其二，反接励磁绕组：在使电枢绕组的端电压极性不发生变化的前提下，通过改变励磁绕组端电压极性，实现电动机反转。

需要注意的是，在使用以上方法时要先断开电动机，再按反转按钮，以避免电流过大造成不良影响。其操作过程如下：

第一，将 Q1 和 Q2 闭合。

第二，按下 SB2 按钮，正向启动电动机，并使它正常运行。

第三，按下 SB1 按钮，使电动机停止运行。

第四，按下 SB3 按钮，反向启动电动机，并使它正常运行。

如果需要使电动机由反转再次变为正转，就要按 SB1 按钮，而后按 SB2 按钮；若想使正常正向运转的电动机进行反转，不能直接按 SB3 按钮，要先按 SB1 按钮使电动机停止运转。

三、调速控制

对于直流电动机而言，要想对它的转速进行控制，就要用到转速特性方程：

$$n = \frac{U}{C_e \Phi} - \frac{R_n}{C_e \Phi} I_a$$

根据这个方程可知，在流经电动机的电流不发生变化（即负载不变）的情况下，若想使电动机的转速发生变化，可以采用改变电枢端电压、电枢回路串电阻和改变励磁磁通等方法。

（一）调速的主要指标

1. 调速范围

调速范围可以用 D 表示，公式为 $D = \frac{n_{\max}}{n_{\min}}$，分子所指的是最高转速，分母所指的是最低转速，$D$ 即二者的比值。在对调速范围进行求解时，要注意到电动机是否在额定的负载下进行。生产机械不同，各方面的指标也不尽相同，因而对调速范围的要求也就不尽相同。

2. 静差率

静差（转速变化）率可以用字母 δ 来表示，其表达式为 $\delta = \frac{\Delta n}{n_0} = \frac{n_0 - n}{n_0}$，分子指的是额定负载下的转速下降变化值，分母指的是理想状态下的空载转速。静差率大小不仅与机械特性有关，还与理想空载转速有关。调速范围和静差率之间是一种制约关系，表现为一方提高，另一方就会随之降低。

3. 调速的平滑性

调速的平滑性可以用字母 Ψ 来表示，其表达式为 $\Psi = \frac{n}{n_{i-1}}$，即相邻的两极转速之比。它们的比值越接近 1，就代表其越平滑。

还可以依照转速是否连续、可调以及是否级数趋近于无限将其进一步分为无级调速和有级调速两种。

（二）调速方法及其特点

1. 改变电枢电路串联电阻的调速

改变电枢电路串联电阻的调速方式有以下特点：

①转速只会随着电阻的串入而降低，且选取的电阻阻值越大，电动机的机械特性就越软，负载波动引起的转速波动就越明显，尤其是在电动机低速运行的情况下。

②在实际操作中，调速电阻通常是分段串入，因而这种调速方法是有级调速，其平滑性相对较差。

③电阻串在电枢电路中，因电枢电流大，所以调速电阻消耗的能量大，不经济。

④调速方法简单，设备投资资金少。

以这种方式进行调速需要长时间对电阻进行串联，因此调速电阻不能用启动变阻器来代替。这种方法通常适用于小容量的电动机。

2. 降低电枢电压调速

降低电枢电压调速方法有以下几个方面的特点。

① 使用这个方法，电动机的机械特性从硬度方面来说并没有发生变化；调速范围较广；性能相对稳定。

② 对于电压的调节而言十分方便，为无级调速的实现提供了条件。

③ 这种方法是通过降低输入功率来降低转速的，因此耗能少，经济性较高。

④ 降低电枢电压的人为特性曲线斜率相同，因此机械特性强度不变，但理想空载转速不同。

降低电枢电压调速方法因其优良的调速性能，被广泛应用于自动控制系统中。

四、制动控制

电动机良好的制动性对于提高生产效率和产品质量来说有关键性的作用，因此需要采取一定的措施对电动机进行制动控制。通常将电动机的制动分为以下两种。

第一，机械制动。这种制动方法采用抱闸的方式进行。

第二，电气制动。这种方法的原理是使电动机产生一个与旋转方向相反的电磁转矩，从而达到制动的目的。电气制动主要有以下三种方式。

（一）能耗制动

能耗制动是指在维持直流电动机的励磁电源不变的情况下，断开正在运行的电动机的电枢电源，再串接一个外加制动电阻组成的制动回路，将高速旋转所产生的机械能转变为电能，再以热能的形式消耗在电枢和制动电阻上。由于电动机因惯性继续旋转，直流电动机此时变为发电机状态，所产生的电磁转矩与转速方向相反，为制动转矩，从而使电动机由高速转变为低速。

他励直流电动机能耗制动电路工作过程如下：合上电源开关 QF1、QF2，按下启动按钮 SB2，电动机通电，并串两级电阻启动；当需要制动时，按下停止按钮 SB1，接触器 KM1 线圈断电，其主触点断开，电动机电枢回路断电，电动机利用惯性运转，同时 KM1 的辅助动断触点复位，KA 线圈通电，其动合触点闭合使 KM2 线圈得电，

KM2 辅助动合触点闭合，接入能耗制动电阻 R_3，产生制动转矩使电动机能耗制动；当电动机转速下降到一定程度时，电枢绕组产生的感应电势小于 KA 线圈的释放值，KA 线圈释放，其动合触点断开，KM2 线圈断电，能耗制动结束，电动机自由停车。

（二）反接制动

反接制动是在保持他励直流电动机励磁为额定状态不变的情况下，将电枢绕组的极性改变，使电流方向改变，从而产生制动力矩，迫使电动机迅速停止的制动方式。反接制动分为改变电枢电压极性的电枢反接制动和电枢回路串大电阻的倒拉反接制动两种方法。

与交流异步电动机相同，在反接制动时应注意以下两点：第一，要限制过大的制动电流；第二，要防止电动机反向再启动。通常采用限流电阻进行限流，根据电流原则和速度原则进行反接制动控制。

（三）回馈制动

当电动机转速高于理想空载转速，即 $n > n_0$ 时，$E_a > U$，致使电枢电流 I_a 改变方向流向电源，电动机进入回馈制动状态。

回馈制动时，转动方向并未改变，而 $n > n_0$，$E_a > U$，使电枢电流反向，电磁转矩也反向为制动转矩。制动时，U 未改变方向，而 I_a 已反向为负，电源输入功率 $P_1 = UI_a < 0$；而电磁功率 $P_{em} = E_n I_n < 0$，表明电机当前处于发电状态，将电枢转动的机械能变为电能并回馈到电网，故称为回馈制动。而回馈制动时，$n > n_0$，I_a、T_{em} 均为负值，所以机械特性是电动状态机械特性延伸到第二象限的一条直线。

第六章　控制电机与控制

第一节　伺服电动机

一、伺服电动机的认识

伺服电动机是当前自动控制系统中比较常用的电气设备。它的作用是将输入的电压信号转换为电动机轴上的机械信号，包括角位移和角速度等，然后根据控制信号来进行动作：在信号到来之前，转子静止不动；信号到来之后，转子立即转动；当信号消失后，转子即时停转。"伺服"的性能因此得名。

伺服电机可使控制速度、位置精度非常准确，并可通过调整控制电压的大小来改变其转向和转速。伺服电动机转子转速受输入信号控制，并能快速做出反应，在自动控制系统中，用作执行元件，具有机电时间常数小、线性度高等特性。

二、直流伺服电动机

（一）基本结构与分类

直流伺服电动机与普通直流电动机的结构类似，核心的组成部分都是定子和转子，只有两点不同：一是直流伺服电动机通常没有换向极，原因在于其电枢电流较小，可以避免换向困难的问题；二是直流伺服电动机转子的形状为细长形，设计目的是降低转动惯量，因此其具有气隙小、磁路不饱和、机械特性软、电枢电阻大、线性电阻大的特点。直流伺服电动机有直接启动和弱磁启动两种启动方式。

按励磁方式不同，可以将直流伺服电动机分为两种：第一种是电磁式直流伺服电动机，其特点是以直流电流通入励磁绕组的方式建立稳定磁场；第二种是永磁式直流伺服电动机，其特点是利用永久磁铁建立励磁磁场。随着技术的发展和控制系统需求的增加，除了这两种基本的直流伺服电动机，各种新型伺服电动机也应运而生，其中包括无刷直流伺服电动机、无槽电枢直流伺服电动机、印制绕组直流伺服电动机、空心杯电枢永磁式直流伺服电动机等。

（二）直流伺服电动机的特性

1. 机械特性

直流伺服电动机的机械特性是指在控制电压保持不变的情况下，直流伺服电动机的转速 n 随转矩 T 变化的关系，可表示为：

$$n = \frac{U_c}{C_e\Phi} - \frac{R_a}{C_cC_m\Phi^2}T \quad (6\text{-}1)$$

2. 调节特性

直流伺服电动机的调行特性表现的是转速与电枢电压之间的关系，即在负载转矩一定的条件受电动机电枢电压 U_c 的影响，电动机转速 n 所产生的变化。

（三）直流伺服电动机的控制方式

直流伺服电动机的控制方式一般有两种，即电枢控制方式和磁场控制方式。

1. 电枢控制方式

利用电枢控制方式时，直流伺服电动机将恒压励磁施加到励磁绕组上，通过对电枢绕组施加控制电压达到控制的目的。

直流伺服电动机采用电枢控制方式时，其机械特性和调节特性都具有线性特点，而且电枢电阻的大小不会对线性关系产生影响，同时其机械特性与控制系统的需求吻合。需注意的是，电枢控制的直流伺服电动机在有可燃气体的场所无法使用，因为其换向器很容易与电刷之间产生火花，从而容易引发危险。此外，电枢控制的直流伺服电动机还具有结构复杂、难以维护等缺点。

2. 磁场控制方式

采用磁场控制方式时，直流伺服电动机在电枢绕组中施加恒压励磁，通过将控制电压施加到励磁绕组来实现控制。

在控制过程中，直流电源 U 被接入励磁绕组，随后因电流 I 的经过而产生磁通 Φ。控制电压 U_c 与电枢绕组这一控制绕组相连，使电枢电压充当控制信号，从而实现对电动机转速的控制。电动机会在控制电压归零时停止转动，在控制电压不为零时开始旋转。

三、交流伺服电动机

（一）交流伺服电动机的基本结构与分类

交流伺服电动机主要包括定子和转子两大部分。一般情况下，常用硅钢片、铁铝合金叠压制成定子铁芯，随后将励磁绕组和控制绕组嵌入定子槽内，并保持两定子绕组之间的空间差为90°。交流伺服电动机的转子有两种形式，即鼠笼式和空心杯式。

（二）交流伺服电动机的工作原理

交流伺服电动机工作时，由固定电压U_f给励磁绕组f提供恒定交流，同时，控制电压U_c为励磁绕组c提供电流。当两相绕组中施加的额定固定电压U_f和控制电压U_c在工作过程中的相位差为90°时，会在电动机内部产生一个旋转磁场，在鼠笼式转子导条中或空心杯式转子的筒壁上感应电动势，产生电流。而后，电磁转矩会在旋转磁场和转子电流的作用下形成，最终使转子以与旋转磁场相反的方向旋转。因为旋转磁场的旋转方向改变，当控制绕组中控制电压处于反向，即励磁电压不变时，电动机转子出现反转。

（三）交流伺服电动机的控制方式与特性

对交流伺服电动机的要求是必须有对转速和转动方向的可控制性，同时有受控于控制信号而启动和停转的伺服性。在实际应用过程中，对于交流伺服电动机的控制一般采用幅值控制、相位控制和幅值-相位控制三种方式。

1. 幅值控制

通过改变U_c的幅值来对电动机转速进行调整的方式称为幅值控制。当电动机的控制电压U_c和励磁电压U的相位差保持在90°且励磁电压数值一定时，电动机的转速会随着控制电压U_c的增大而提升。机械特性会随着控制电压的减小而下降；当受到相同负载转矩的作用时，电动机的转速随控制电压的下降而均匀减小。

2. 相位控制

相位控制即电动机转速调控是通过U的相位变化来完成的。使U_c与U在0°~90°的相位差内变化，同时能够保证励磁电压U的数值不变，这时转速会随着相位差的增大而提升。在当前实际应用中，相位控制的应用范围较小。

3. 幅值-相位控制

幅值-相位控制的工作原理是依靠对控制电压幅值和相位进行调控的方式来使电动机转速产生变化。励磁绕组通过串联移相电容后接到交流电源上，其电压根据电动机的运行而产生变化，且与电源电压既不同相也不相等。利用分压电阻将控制绕组接在同一电源电压上，其电压U_c的频率和相位与电源一致，但其幅值可调。通过改变控制绕组电压的幅位和相位，交流伺服电动机转轴的转向随着控制电压相位发生反相变化而开始改变。

幅值–相位控制方式的输出功率大，且不需要移相装置，结构简单，在实践中得到了广泛应用。

为了确保在实际应用中能够满足自动控制系统的要求，伺服电动机应该具备以下性能：

第一，调速范围广。依靠伺服电动机机械特性与调节特性的线性特点，伺服电动机可以在大范围内稳定地调节速度。

第二，无自转现象。无自转现象是指伺服电动机在控制信号出现之前保持静止状态，待信号出现后，其转子立刻进入转动状态，在控制电压归零时自动停转。若要使自动控制系统正常工作，就必须具备无自转现象这一性能。

第三，机电时间常数较小，即响应性好。伺服电动机应能在信号出现变化时立刻从当前状态转变为指定状态，而要实现这一点，电动机必须具备较小的机电时间常数。

随着科技水平的提升，数字化交流伺服系统的性价比也在逐渐提升，作为控制电机中的重要部分，伺服系统是衡量系统加工性能的重要指标，因此在未来的发展过程中，交流伺服系统仍然具有广阔的市场前景。决定交流伺服系统性能的关键因素依然是伺服控制技术，由于交流伺服系统本身有着极其先进的控制原理以及低成本、免维护的特性，故而按照当前的运转模式来分析，这一系统将向高速度化、高精度化以及高性能化方向发展，其控制特性将全面地超越直流伺服系统，可以说交流伺服系统势必在今后的发展过程中将大部分甚至全部代替直流伺服系统。

第二节 测速发电机

一、测速发电机的认识

（一）测速发电机的概念

测速发电机作为微型发电机的一种，主要作用是将输入的机械转速以电压信号的形式输出，并要求机械转速与电压信号保持正比关系，进而实现对转速的测量。为满足自动控制系统的要求，测速发电机通常需要具备以下几点性能。

①良好的线性度，以保证旋转速度与输出电压之间保持稳定的正比关系。

②为了确保转速测量过程中的高效，测速发电机的转子应具有较小的转动惯量。

③理想条件下的测速发电机应该能捕捉很小的转速变化，因此测速发电机要具备较高的灵敏度，同时需要在面对无线电和噪声等干扰因素时能保证受到的影响最小。

除以上几点之外，体积小、结构简单、质量轻也是测速发电机应该具备的优良特性。

（二）测速发电机的分类

测速发电机分为直流测速发电机和交流测速发电机两大类。其中交流测速发电机还可细分为两种类型：交流异步测速发电机和交流同步测速发电机，其中交流异步测速发电机的转速与输出电压保持着稳定的线性关系，而交流同步测速发电机的转速会对输出电压的频率及大小同时产生影响，因此旋转速度和输出电压将无法保持线性关系。所以在实际应用中交流异步测速发电机在自动控制系统中的应用较为广泛，而交流同步测速发电机的实际应用较少。

测速发电机还可以根据自身转子的结构分为两种类型：第一种是鼠笼式测速发电机，其特点是转动惯性最大且性能相对较差，相比空心杯式测速发电机在测量精细程度方面略逊一筹，因此在实际应用中常出现在对测量精度没有硬性要求的控制系统中；第二种是空心杯式测速发电机，这种发电机的转子由非磁性材料制成，具有电阻率大、温度系数小的特点，同时因其测量精度高、线性度良好，所以在自动控制系统中得到了广泛的应用。

二、交流测速发电机的工作原理

交流测速发电机的定子中有一个励磁绕组 N_1 和一个输出绕组 N_2，两者在定子中的轴线相互垂直。交流测速发电机的转子是由磷青铜这一非磁性材料制成的，电阻率大，整个转子呈空心杯的状态，杯内有一个减小磁路磁阻的内铁芯，一般用硅钢片制成。

当稳定交流电源与励磁绕组相接时，励磁电压为 $\dot{U}_z$，流过电流为 $\dot{I}_1$，在励磁绕组的轴线方向产生交变脉动磁通 $\dot{\Phi}_1$，由

$$U_1 \approx 4.44 f_1 N_1 \Phi_1 \quad (6\text{-}2)$$

可知，Φ_1 正比于 U_1。

当转子静止时，因为脉动磁通与输出绕组的轴线垂直，所以输出绕组无感应电动势，输出电压 U_2 为 0。

当转子被主机拖动，以转速 n 旋转时，杯形转子切割直轴磁通 Φ_1 从而在转子中

产生感应电动势 E_r，其方向由右手定则确定。由于 Φ_1 随时间做正弦变化，E_r 也是正弦交流电动势，其频率是直轴磁通的频率 f_1，电动势有效值为：

$$E_r = C_e \Phi_1 n \quad (6\text{-}3)$$

杯形转子可看作由无数条并联导体组成，E_r 便在其中产生同频率的转子电流 I_r。由于杯形转子采用高阻材料组成，漏抗可忽略不计，I_r 与 E_r 同相位。由 I_r 产生频率同为 f_1 的脉动磁通，所以，当磁路不饱和时有：

$$\Phi_r \propto I_r \propto E_r = C_e \Phi_1 n \quad (6\text{-}4)$$

磁通 Φ_1 与输出绕组的轴线方向一致，因而在输出绕组中能感应出频率同为 f_1 的电动势，其有效值为：

$$E_2 = 4.44 f_1 N_2 \Phi_r \quad (6\text{-}5)$$

则输出绕组两端在空载时的输出电压为：

$$U_2 \approx E_2 \propto \Phi_r \quad (6\text{-}6)$$

由上述关系可知：

$$U_2 \propto \Phi_r \propto \Phi_1 n \propto U_1 n \quad (6\text{-}7)$$

上式表明，测速发电机励磁绕组加上电压 U_1 并以转速 n 转动时，产生的输出电压 U_2 与 n 成正比。当旋转方向改变时，输出电压 U_2 相位也发生了改变，于是就把转速信号转换为电压信号。

若输出绕组阻抗为 Z_2，则有：

$$U_2 = \dot{E} - \dot{I}_2 Z_2 \quad (6\text{-}8)$$

当输出绕组接有负载时，回路总阻抗为 Z_1，则 $\dot{I}_2 = U_2 / Z_1$，代入式（6-8）得：

$$U_2 = \dot{E}_2 / \left(1 + \frac{Z_2}{Z_1}\right) = kn \quad (6\text{-}9)$$

测速发电机输出电压 U_2 与转速的关系 $U_2 = f(n)$ 即输出特性。

三、交流测速发电机的误差分析

（一）线性误差

交流测速发电机的输出电压和转速之间构成稳定的线性关系，是在磁通不发生变化的前提下实现的。然而实际工作中存在漏阻抗和负载变化等问题，导致直轴的磁通大小会呈现变化性，同时线性误差也不可避免。

（二）相位误差

电动机旋转速度的改变会造成输出电压和励磁电压不同，这样就会导致相位误差出现。

（三）剩余电压

在理想条件下，测速发电机的输出电压应该在自身旋转速度归零时变为零。然而在实际操作过程中，输出电压不会因为旋转速度归零而变成零，这就是剩余电压问题。剩余电压一般存在于输出绕组中，其产生的原因包括两点：第一是导磁材料的小线性和磁滞损耗导致高次谐波磁场出现，在输出绕组中，高次谐波磁场能够感应产生高次谐波电势；第二是制造工艺存在问题。

第三节　步进电动机

一、步进电动机的认识

步进电动机是一种将电脉冲信号变成机械角位移或线位移的开环控制器件，因此又称为脉冲电动机。脉冲发生器、功率放大器和脉冲分配器作为步进电动机的驱动电源，是其主要的组成部分，能够发出脉冲电流，从而为步进电动机的定子绕组提供能源。步进电动机会在驱动电源的脉动信号的引导下，根据设定的方向，以约定的角度一步一步转动，这个角度称为步进角。电动机的角位移量通过脉冲个数进行控制，而步进电动机的加速度与速度也能通过控制脉冲频率的变化而发生改变。

电脉冲信号在步进电动机的作用下可以变为线位移或角位移，对步进电动机施加一个电脉冲信号时，它就会旋转一个固定的角度，从而使脉冲频率与电动机线速度或旋转速度之间成正比。脉冲频率的改变可以调整电动机旋转速度，也可使电动机完成快速启动、制动和反转。步进电动机的主要优点包括结构简单、利于维护等。然而步进电动机在某些方面与闭环控制的传统直流伺服电动机相比略有不足，包括速度变化范围、控制精准度和低速时的性能等，故而在应用步进电动机时一般选择对精确度要求较低的场所，但若能合理使用也可以产生与直流伺服电动机相同的效果。

旋转方式是步进电动机和常用电动机的主要区别，步进电动机的旋转方式是一步一步的，即每输入一个脉冲信号，电动机就转过一定的角度；而常用电动机为连续旋转。

综上所述，从整体结构来说，可以将步进电动机视为感应电动机，它的工作原理是利用电子电路将恒定的直流电变为分时供电的多相时序控制电流，使步进电动机进行运转。

二、步进电动机的控制技术

目前，传统的步进电动机的控制技术以开环为主，主要有以下几种。

（一）恒压频比控制技术

恒压频比控制技术可以使绕组上的电压与运行频率恒比例变化，从而在一定的频率范围内保持绕组电流和电磁转矩的基本恒定。采用该技术可以减小电机在低速运行时的低频振动，从而提升步进电动机在低频下运行时的性能。目前这种控制方式主要应用在开环控制，其缺点是电机在低速运行时，由于频率很低，带来的电压也过低，使电机的响应能力变差，严重影响了步进电动机的性能。

（二）恒流斩波控制技术

恒流斩波控制技术的控制思想是通过调节功率控制电路中功率开关管的导通与关断来调节输出电压，从而来保持电机定子两相电流大小的稳定。恒流斩波控制技术通过反馈电流获取电机的两相定子绕组电流，从而与实际的给定电流进行比较，若实际的电流值偏大，则通过调节相应的功率开关管的导通与关断来降低相应的电机绕组电流，反之，则通过调节相应的功率开关管的导通与关断来提升相应的电机绕组电流。采用恒流斩波控制技术可以使电机在一定范围的运行速度下保持着定子两相电流的恒定，从而确保了在此范围内的转矩恒定。但它不能解决步进电动机的低频振动问题。

（三）细分控制技术

细分控制技术通常也被称为微步控制，是可以在很大程度上提升步进电动机整体控制性能的技术。细分控制其实是将步进电动机的步距角再细分成若干个步骤，这样步进电动机的运动近似地变为匀速运动，并能使它在任何位置停步。目前市面上主要采用这种技术来实现对步进电动机的控制。基于这种技术，人们又设计了多种控制策略，其中最主要的是核步法控制和功角控制。

（四）矢量控制技术

矢量控制技术是能够带来良好性能的新型交流电机控制技术。近年来，随着该技术的优越性越来越突出，该控制技术成为最先进的步进电动机控制技术。

利用矢量控制，可以用类似控制他励直流电机的方式控制交流感应电机及同步电机。在他励直流电机中，磁场电流及电枢电流可独立控制，理论上不会互相影响，因此当控制转矩时，不会影响产生磁场的磁链，因此有快速的转矩响应。

三、步进电动机的种类

步进电动机是一种用电脉冲控制的电动机，主要由驱动控制电路和电动机共同构成，这使步进电动机和驱动电路装置有效地融为一个完整的系统。步进电动机大致可以划分为三种：第一种是反应式步进电动机，也称可变磁阻式步进电动机；第二种是永磁式步进电动机；第三种是混合式步进电动机。

（一）反应式步进电动机

反应式步进电动机由三相六个绕组组成的定子和十字形软铁制造的转子构成，定子铁芯会在电流经过几个绕组后产生磁场，此时转子铁芯内的凸齿会受到磁场的影响，即转子会在U、W、V三相绕组先后通入电流之后逐渐开始转动。因此，反应式步进电动机的旋转是通过对U、W、V三相绕组的电流进行控制来实现的。

由于步进电动机的"三相"绕组表示的是位于定子圆周上的三套控制绕组，三者之间彼此独立且无法同时通电，步进电动机指代的"三相"与交流电中的"三相"大有不同。在工程技术中，电动机的运行方式可以用"拍"来形容，一相与另一相之间通电切换的过程用"一拍"来表示，故而用"三相单三拍运行"指代三相依次通电的过程。常见的反应式步进电动机是齿形反应式步进电动机，其定子和转子的制造材料为硅钢片或者软磁性材料，有两倍相数的定子磁极数量，且一对控制绕组会分别绕在各个定子磁极上，也就是"一相"。在齿形反应式步进电动机的定子结构中，有一些小齿平均分布在定子磁极极面和转子外缘，定子磁极极面和转子外缘上的齿具有相同的齿形和齿距，若想实现转子小齿和U相磁极小齿之间的匹配，只需要确保定子磁极极面上的齿与转子外缘上的齿数量匹配即可，这样还可以促使相磁极的小齿与转子小齿错开1/3齿距。这在结构上可以简化电动机的制造过程，提升其精确度，另外由于每步的转动所对应的转子步距角较小，该电动机具备启动转矩大和运行频率高的优点。这种电动机的缺点在于因为相数多且直径小，所以径向分项难度大。不过，通过增加电动机定子磁极对应的齿数、转子的齿数可以对步进电动机进行精准的控制。

（二）永磁式步进电动机

一般而言，永磁式步进电动机的相数为两相，所以定子中包括四个磁极，四个磁极分别对应一组绕组；转子是圆柱形永久磁铁。定子绕组形成的磁场会在通过定子绕组的电流方向发生改变时，促使转子旋转。永磁式步进电动机的优点在于动态性能强、输出转矩大，缺点是体积和步距角都较大。

（三）混合式步进电动机

混合式步进电动机综合了反应式步进电动机和永磁式步进电动机的优点，有两相混合式步进电动机和无相混合式步进电动机两种类型。这种电动机的优点是具有较小的步距角但输出力很大，能够保持稳定的动态性能，而缺点在于综合两种电动机的优势后，其结构变得相对复杂。

四、步进电动机的特点及应用

（一）步进电动机的基本参数和特点

1. 基本参数

（1）电动机固有步距角

电动机会在接收到控制系统发出的步进脉冲信号后开始转动，而转动的角度称为步距角。电动机固有步距角是指电动机出厂时，所设定的初始步距角，但这个步距角与电动机工作时的实际步距角可能存在一定差别，这是因为实际的步距角会受到驱动器的影响。

（2）步进电动机的相数

电动机内线圈的组数称为电动机的相数。相数与步距角有关，不同相数的电动机其步距角有很大差别。例如，二相步进电动机，其步距角通常为0.9°/1.8°；三相步进电动机，步距角为0.75°/1.5°。在不具备细分驱动器的条件下，为了选择合适的步距角以满足工作需求，电动机的相数是用户的主要参考依据。如果使用细分驱动器，改变步距角只需要对细分驱动器进行人工调整，此时，电动机相数的作用就不大了。

（3）保持转矩

这是步进电动机各项参数中较为重要的一项，它指的是定子在步进电动机通电但未转动时锁定转子的力矩。保持转矩一般与电动机低速运行时的力矩相近。步进电动机的一大特点是输出力矩与旋转速度之间紧密联系，随着旋转速度的增加，电动机的输出力矩会持续减小，因此需要将保持转矩这一参数作为主要衡量标准。举例来看，在无其他特定条件约束下，2N·m步进电动机指的就是保持转矩为2N·m的电动机。

（4）钳制转矩

钳制转矩指的是在步进电动机未通电的条件下定子锁定转子耗费的力矩。一般用永磁材料制成的定子具有钳制转矩，而用非永磁材料制成的定子没有钳制转矩，如反应式步进电动机。

（5）精度

一般步进电动机的精度为步进角的3%～5%，且不累积。

（6）空载启动频率

在空载条件下，步进电动机实现正常启动需要的脉冲频率称为空载启动频率。若实际脉冲频率高于空载启动频率，电动机就无法实现正常启动，甚至会发生堵转和丢步的情况，所以应该保持较低的启动频率，特别是在有负载情况下，需要保持更低的频率。如果要使电动机实现高速转动，脉冲频率就应该有加速过程，即启动频率较低，然后按一定加速度升到所希望的高频（电动机转速从低速升到高速）。

2. 步进电动机的特点

（1）正常工作时的步进电动机表面温度为80℃～90℃属正常现象

电动机磁性材料的退磁点是决定步进电动机表面允许的最高温度的关键因素。步进电动机的磁性材料会因为自身温度的升高而发生退磁现象，这样将对电动机的运行造成影响，使其转动力矩降低，甚至导致失步现象的发生。一般情况下，应用在步进电动机中的磁性材料可以达到大于130℃的退磁点，有的材料甚至能达到200℃的退磁点，因此80℃～90℃的表面温度对于步进电动机而言是正常状态。

（2）步进电动机旋转频率提升会导致力矩降低

在步进电动机中，各项绕组的电感会在电动机开始转动时产生一个反向电动势，这个反向电动势会随着转动频率的提升而增大。根据这一原理，相电流会在电动机转动频率提升的过程中不断变小，最终促使电动机力矩降低。

（3）需维持较低的启动速度

步进电动机若想实现正常启动，需要维持较低的启动速度。若启动速度过高则会发出啸叫声，并导致启动失败。

（二）步进电动机的工作原理与通电方式

1. 步进电动机的工作原理

步进电动机是数字控制电机，它将脉冲信号转变成角位移，即给一个脉冲信号，步进电动机就转动一个角度，因此非常适合单片机控制。

步进电动机区别于其他控制电机的最大特点是，它是通过输入脉冲信号来进行控制的，即电机的总转动角度由输入脉冲数决定，而电机的转速由脉冲信号频率决定。

步进电动机的驱动电路根据控制信号工作，控制信号由单片机产生。其基本原理如下。

①控制换相顺序。通电换相这一过程称为脉冲分配。例如，三相步进电机的四拍工作方式，其各相通电顺序为 A-B-C-D，通电控制脉冲必须严格按照这一顺序分别控制 A、B、C、D 相的通断。

②控制步进电动机的转向。如果给定工作方式为正序换相通电，步进电动机就正转，如果按反序通电换相，则电动机就反转。

③控制步进电动机的速度。如果给步进电机一个控制脉冲，它就转一步，再给它一个脉冲，它会再转一步。两个脉冲的间隔越短，步进电机的转速就越快。通过调整单片机发出的脉冲频率，就可以对步进电动机进行调速。

2. 步进电动机的通电方式

通电方式对步进电动机的影响十分显著，不同的通电方式能够产生不同的工作效果。一般而言，步进电动机的通电方式包括单三拍、六拍及双三拍等。

其中，"单"代表每拍只有一相绕组通电；"双"则代表可以有两相绕组同时通电；"相"代表定子绕组的具体组数；"拍"是指不同通电状态转换的通电次数。三相单三拍运行指按 A-B-C 的顺序通电；二相六拍运行指 A-AB-B-BC-C-CA-A 的顺序通电；三相双三拍运行指按 AB-BC-CA 的顺序通电。以三相六拍方式为例，在 A 相通电变成 A、B 共同通电时，由于 A 相、B 相绕组磁场的吸引，转子磁极会保持在 A、B 两相之间，而步距角 α 在此时保持 30°。当从 A 相、B 相通电变成 B 相单独通电时，转子磁极会以 30° 步距角继续顺时针旋转，直至对齐 B 相磁极。根据三相六拍方式，能够实现缩小步距角 α 为原来步距角的一半的目的，其他方式的原理可据此推导。

不同的通电方式不仅能够对电动机的步距角产生显著影响，而且能够对电动机的运行产生作用。例如，在采用三相单三拍运行方式时，每次只有一相绕组通电，这样就暴露出平衡位置易出现振荡以及稳定性不足的缺点，同时在切换时大概率会出现失步的现象，因此三相单三拍运行的应用范围有限。而以同时对两相绕组进行通电的双三拍运行方式，有与单三拍相等的步距角，但由于切换中永远有一相绕组保持通电，其工作的稳定性得到了保证。六拍运行方式虽然在通电方面的复杂性较高，但在工作过程中同样因为有一相绕组能够保持通电而具有稳定性的特征，同时兼具步距角小的优势，因此成为应用最为广泛的方式。

因为三相三拍和三相六拍是两种步距角相对大的步进电动机运行方式，其精确性难以保证，所以在实际运用的过程中，为了将步距角减小就会在步进电动机的定子和转子上开出多个小齿。

（三）步进电动机的应用

作为机电一体化进程的重要元件产品，步进电动机在多个领域的控制系统中都有一定程度的应用。因为步进电动机能够完成脉冲信号到角位移的直接转换，具有免除

A/D 转换过程的特点，所以被数控机床制造视为理想的执行部件。而在步进电动机出现的早期阶段，这种电动机存在转矩比小的缺点，为了满足工作要求，经常会在实际运用中与液压转矩放大器配合形成液压脉冲电动机，从而弥补自身的缺点。后来，由于科技的进步，步进电动机实现了在控制系统中不再需要与其他装置配合，完全独立使用的转变，确定了其他元件无法替代的地位。在数控机床中，进给伺服系统的驱动电动机就是一个典型代表。

数控机床进行零部件加工的主要流程为：首先要编制计算机指令，指令包括对加工成果的要求和加工流程的安排，其次在计算机中输入这段指令。步进电动机会根据计算机程序发出的控制电脉冲进行多种运动，完成零部件加工。计算机发出的指令动作包括启动、停止、加速、减速和正反转等，最后在齿轮和丝杠等装置的帮助下，步进电动机可以带动机床运动。

步进电动机还能用作室内空调器导风板的驱动电动机，以实现空调器导风叶片的往复摆动。在实际应用中，摆动可以往复也可以朝向指定角度。此外，打印机和复印机的纸张传输也是通过步进电动机来驱动的。

步进电动机除了应用于上述领域外，还可以应用于数模转换装置、自动记录仪、计算机外围设备、工业化自动生产线等。

第七章 PLC 基本逻辑指令及其应用

第一节 电动机启保停的 PLC 控制

一、输入继电器与输出继电器

PLC 内部有很多具有不同功能的编程元件，这些元件实际是由电子电路及存储器组成的。考虑到工程技术人员的习惯，将这些编程元件用继电器电路中类似的名称命名，如输入继电器（X）、输出继电器（Y）、辅助（中间）继电器（M）、定时器（T）、计数器（C）等。由于它们不是物理意义上的实物继电器，所以为了明确它们的物理属性，称它们为"软继电器"或"软元件"。它们与真实元件之间有很大的差别，这些编程用的继电器的工作线圈没有工作电压等级、功耗大小和电磁惯性等问题，其触头也没有数量限制、机械磨损和电蚀等问题，从编程的角度出发，可以不管这些器件的物理实现，只注重它们的功能。

在可编程序控制器中，这种"元件"的数量往往是巨大的。为了区分它们的功能和不重复选用，需要给元件编上号码。这些号码是计算机存储单元的地址。FX 系列 PLC 具有数十种编程元件。FX 系列 PLC 编程元件的编号分为两个部分，第一部分是代表功能的字母，如输入继电器用"X"表示，输出继电器用"Y"表示；第二部分为数字，数字为该类元件的序号。

FX 系列 PLC 中输入继电器及输出继电器的序号为八进制，其余元件的序号为十进制。从元件的最大序号可以了解可编程序控制器可能具有的某类元件的最大数值。例如，输入继电器的编号范围为 X0 ~ X127，为八进制编号，则可计算 FX 系列 PLC 可能接入的最大输入信号数为 88 点。这是 CPU 所能接入的最大输入信号数量，并不是一台具体的基本单元或扩展单元所安装的输入接口的数量。

输入继电器 X 与 PLC 的输入端子相连，是 PLC 接收外部开关信号的窗口，PLC 通过输入端子将外部信号的状态读入并存储在输入映象寄存器中，与内部输入继电器之间是采用光电隔离的电子继电器连接的,输入继电器 X 有无数个常开、常闭触头,可以无限次使用。输入继电器的状态只取决于外部输入信号的状态,不能用程序来驱动。

输出继电器 Y 与 PLC 的输出端子相连,是 PLC 向外部负载输出信号的窗口。输出继电器用来将 PLC 的输出信号传送给输出单元,再由后者驱动外部负载。输出继电器的线圈由程序控制,且其外部输出主触头接到 PLC 的输出端子上供外部负载使用,其余的常开、常闭触头供内部程序使用。输出继电器 Y 也有无数个常开、常闭触头,可以无限次使用。

二、可编程序控制器的软件

可编程序控制器的软件包含系统软件和应用软件两大部分。

(一)系统软件

系统软件包含系统的管理程序、用户指令的解释程序,另外还包括一些供系统调用的专用标准程序块等。系统管理程序用以完成机内程序运行的相关时间分配、存储空间分配管理及系统自检等工作。用户指令的解释程序用以完成用户指令变换为机器码的工作。系统软件在用户使用 PLC 之前就已装入机内,并永久保存,在各种控制工作中并不需要做任何调整。

(二)应用软件

应用软件也叫用户软件,是用户为达到某种控制目的,采用 PLC 厂家提供的编程语言自主编制的程序。

应用程序的编制需使用可编程序控制器生产厂方提供的编程语言。至今为止还没有能适合于各种可编程序控制器的通用编程语言。但由于各国可编程序控制器的发展过程有类似之处,可编程序控制器的编程语言及编程工具都大体差不多。一般常见的有如下几种编程语言的表达方式。

1. 梯形图

梯形图语言是一种以图形符号及其在图中的相互关系表示控制关系的编程语言,是从继电器电路图演变过来的。梯形图中所绘的图形符号和继电器-接触器电路图中的符号十分相似。而且这个控制实例中梯形图的结构和继电器-接触器控制电路图也十分相似。

梯形图是 PLC 编程语言中使用最广泛的一种语言。可编程序控制器中参与逻辑组合的元件可看成和继电器一样的元件,具有常开、常闭触头及线圈;且线圈的得电及失电将导致触头做相应的动作。再用母线代替电源线；用能量流概念来代替继电器-接触器电路中的电流概念，采用绘制继电器-接触器电路图类似的思路绘出梯形图。

需要说明的是，PLC中的继电器等编程元件并不是实际物理元件，而是机内存储器中的存储单元。

2. 指令表

指令表也叫作语句表，是程序的另一种表示方法。指令表中语句指令依一定的顺序排列而成。一条指令一般由助记符和操作数两部分组成，有的指令只有助记符没有操作数，称为无操作数指令。

指令表程序和梯形图程序有严格的对应关系。对指令表编程不熟悉的人可以先画出梯形图，再转换为指令表。

注意：程序编制完成输入机内运行时，对简易的编程设备，不具有直接读取梯形图的功能，梯形图程序只有改写成指令表才能送入可编程序控制器运行。

3. 顺序功能图

顺序功能图常用来编制顺序控制类程序。它包含步、动作、转换三个要素。顺序功能编程法可将一个复杂的控制过程分解为一些小的工作状态，对这些小的工作状态的功能分别处理后再依一定的顺序控制要求连接组合成整体的控制程序。顺序功能图体现了一种编程思想，在程序的编制中有很重要的意义。

三、逻辑取及线圈驱动指令

（一）指令助记符及功能

序步如表7-1所示。

表7-1 逻辑取及线圈驱动指令表

符号	名称	功能	梯形图表示	操作元件	程序步
LD	取	常开触头逻辑运算起始	1	X、Y、M、T、C、S	1
LDI	取反	常闭触头逻辑运算起始	2	X、Y、M、T、C、S	1
OUT	输出	线圈驱动	3	Y、M、T、C、S	Y、M：1。特殊M：2。T：3。C<<3-5

（二）指令说明

① LD、LDI指令可用于将触点与左母线连接。

② OUT 指令是对输出继电器 Y、辅助继电器 M、状态继电器 S、定时器 T、计数器 C 的线圈进行驱动的指令，但不能用于输入继电器。OUT 指令可以连续使用若干次，相当于线圈并联，但是不可串联使用。在对定时器、计数器使用 OUT 指令后，必须设置常数 K。

四、触头串、并联指令

（一）指令助记符及功能

触头串、并联指令（AND、ANI、OR、ORI 指令）的功能操作元件、所占的程序步如表 7-2 所示。

表 7-2 触头申、并联指令表

符号	名称	功能	操作元件	程序步
AND	与	常开触头串联连接	X、Y、M、S、T、C	1
ANI	与非	常闭触头串联连接	X、Y、M、S、T、C	1
OR	或	常开触头并联连接	X、Y、M、S、T、C	1
ORI	是非	常闭触头并联连接	X、Y、M、S、T、C	1

（二）指令说明

① AND、ANI 指令为单个触头的串联连接指令。AND 用于常开触头，ANI 用于常闭触头。串联触头的数量不受限制。

② OR、ORI 指令是单个触头的并联连接指令。OR 为常开触头的并联，ORI 为常闭触头的并联。若两个以上触头的串联支路与其他回路并联时，应采用电路块（或 ORB）指令。

③ 与 LD、LDI 指令触头并联的触头要使用 OR 或 ORI 指令，并联触头的个数没有限制，但由于编程器和打印机的幅面限制，尽量做到 24 行以下。

④ 在 OUT 指令后，可以通过触头对其他线圈使用 OUT 指令，称作纵接输出或连续输出。这种纵接输出，只要顺序正确，可多次重复。但由于图形编程器的限制，应尽量做到一行不超过 10 个触头及一个线圈，总共不要超过 24 行。

五、PLC 的工作原理

PLC 的工作原理与计算机的工作原理基本上是一致的，可以简单地表述为在系统程序的管理下,通过运行应用程序完成用户任务。但计算机与 PLC 的工作方式有所不同,计算机一般采用等待命令的工作方式,如常见的键盘扫描方式或 I/O 扫描方式,当键盘有键按下或 I/O 口有信号输入时中断,转入相应的子程序;而 PLC 在确定了工作任务、装入了专用程序后成为一种专用机,它采用循环扫描工作方式,系统工作任务管理及应用程序执行都是以循环扫描方式完成的。下面对 PLC 的工作原理进行详细介绍。

PLC 有两种基本的工作状态,即运行(RUN)状态和停止(STOP)状态。运行状态是执行应用程序的状态,停止状态一般用于程序的编制与修改。在这两个不同的工作状态中,扫描过程所要完成的任务是不尽相同的。

PLC 在 RUN 工作状态时,执行一次扫描操作所需的时间称为扫描周期。以 OMRON 公司 C 系列的 P 型机为例,其内部处理时间为 1.26ms,执行编程器等外部设备命令所需的时间为 1～2ms(未接外部设备时该时间为零);输入/输出处理的执行时间小于 1ms。指令执行所需的时间与用户程序的长短,指令的种类和 CPU 执行速度有很大关系,其典型值为 1～100ms。PLC 厂家一般给出每执行 1K(1K=1024)条基本逻辑指令所需的时间(以 ms 为单位)。某些厂家在说明书中还给出了执行各种指令所需的时间。一般来说,一个扫描过程中,执行指令的时间占了绝大部分。

(一)PLC 工作过程的分析

1. 内部处理阶段

在内部处理阶段,PLC 首先诊断自身硬件是否正常,然后将监控定时器复位,并完成一些其他内部工作。

2. 通信服务阶段

在通信服务阶段,PLC 要与其他的智能装置进行通信,如响应编程器键入的命令、更新编程器的显示内容。

3. 输入处理阶段

也称输入采样阶段。在这个阶段中,PLC 以扫描方式按顺序将所有输入端的输入信号状态(开或关,即 ON 或 OFF,"1"或"0")读入输入映像寄存器中寄存起来,称为对输入信号的采样,或称输入处理。接着转入程序执行阶段,在程序执行期间,即使输入状态变化,输入映像寄存器的内容也不会改变。输入状态的变化只能在下一个工作周期的输入采样阶段被重新读入。这种输入工作方式称为集中输入方式。

4. 程序执行阶段

在程序执行阶段,PLC 对程序按顺序进行扫描。如果程序用梯形图表示,则总是按先上后下、先左后右的顺序进行扫描。但当遇到程序跳转指令时,则根据跳转条件是否满足来决定程序的跳转地址。每扫描到一条指令时，所需要的输入状态或其他元件的状态分别由输入映像寄存器和元件映像寄存器读出，而将执行结果写入元件映像寄存器中。也就是说，对于每个元件来说，元件映像寄存器中寄存的内容，会随进程而变化。

5. 输出处理阶段

输出处理阶段也叫输出刷新阶段。当程序执行完后，进入输出刷新阶段。此时，将元件映像寄存器中所有输出继电器的状态转存到输出锁存电路，再驱动用户输出设备（负载），这就是 PLC 的实际输出，这种输出方式称为集中输出方式。集中输出方式在执行用户程序时不是得到一个输出结果就向外输出一个，而是把执行用户程序所得的所有输出结果先全部存放在输出映像寄存器中，执行完用户程序后所有输出结果一次性向输出端口或输出模块输出，使输出设备部件动作。

以上五个阶段是分时完成的。为了连续地完成 PLC 所承担的工作，系统必须周而复始地依照一定的顺序完成这一系列的具体工作。这种工作方式叫作循环扫描工作方式。

（二）输入输出滞后时间

从 PLC 工作过程的分析可知，由于 PLC 采用循环扫描的工作方式，而且对输入和输出信号只在每个扫描周期的 I/O 刷新阶段集中输入并集中输出，所以会产生输出信号相对输入信号的滞后现象。即从 PLC 外部输入信号发生变化的时刻起至 PLC 的输出端对该输入信号的变化做出反应需要一段时间，这段时间称为响应时间或滞后时间。它由输入电路的滤波时间、输出模块的滞后时间和因扫描工作方式产生的滞后时间三部分组成。

输入模块的 RC 滤波电路用来滤除由输入端引入的干扰噪声，消除因外接输入触头动作时产生抖动引起的不良影响。滤波时间常数决定了输入滤波时间的长短，其典型值为 10ms 左右。

输出模块的滞后时间与模块开关元件的类型有关：继电器型输出电路的滞后时间一般最大值在 10ms 左右；晶闸管型输出电路在负载接通时的滞后时间约为 1ms，在负载由导通到断开时的最大滞后时间为 10ms；晶体管型输出电路的滞后时间一般在 1ms 左右。

六、电动机启保停的 PLC 控制实施

（一）分配 I/O 地址

启保停电路即启动、保持、停止电路，是梯形图程序设计中最典型的基本电路。利用 PLC 实现电动机的启保停控制时，输入信号有启动按钮 SB2、停止按钮 SB1、热继电器 FR；输出信号有接触器线圈 KM。确定它们与 PLC 中的输入继电器和输出继电器的对应关系，可得 PLC 控制系统的 I/O 端口地址分配如下。

①输入信号：启动按钮 SB2——X000；停止按钮 SB1——X001；热继电器 FR——X002。

②输出信号：接触器线圈 KM——Y000。

根据 I/O 分配，可以设计出电动机启保停控制的 I/O 接线图。

（二）程序设计

由于是将停止按钮的常开触头接入 PLC 输入端 X001，没按停止按钮时，输入继电器 X001 的线圈不得电，其在梯形图中的常闭触头闭合；热继电器 FR 的常闭触头接入 PLC 输入端 X002，正常时热继电器不动作，这时输入继电器 X002 线圈得电，其在梯形图中的常开触头闭合。当按下启动按钮 SB1 时，输入继电器 X000 线圈得电，其常开触头闭合，Y000 线圈得电并自锁，电动机启动并连续运行。当按下停止按钮 SB2 时，输入继电器 X001 的线圈得电，其在梯形图中的常闭触头断开，使 Y000 线圈失电，电动机停止运行。如果在运行时，热继电器 FR 动作，其常闭触头断开，则输入继电器 X002 线圈失电，其在梯形图中的常开触头断开，使 Y000 线圈失电，电动机停止运行。

（三）系统调试

①用 GX Developer 软件编程并将程序下载到 PLC 当中。

②静态调试。按 I/O 接线图正确连接好输入设备，进行 PLC 程序的静态调试（按下启动按钮 X000 后，Y000 有输出；按下停止按钮 X001 或热继电器 X002 动作，Y000 无输出），观察 PLC 的输出指示灯是否按要求指示，否则，检查并修改程序，直至输出指示正确。

注意：在静态调试时，观察的是 PLC 的输出指示灯。

③动态调试。按 I/O 接线图正确连接好输出设备，进行系统的空载调试，观察交流接触器能否按控制要求动作（按下启动按钮 X000 后，KM1 闭合；按下停止按钮

X001 或热继电器 X002 动作，KM1 断开），否则，检查电路接线或修改程序，直至交流接触器能按控制要求动作；然后连接好电动机，进行带载动态调试。

第二节　3 台电动机顺序启停的 PLC 控制

一、定时器

PLC 内部的定时器（T）相当于继电器–接触器电路中的时间继电器，可在程序中用于延时控制。FX 系列 PLC 的定时器通常分为以下四种类型：

100ms 定时器：T0～T199，200 点，计时范围为 0.1～3276.7s。

10ms 定时器：T200～T245，46 点，计时范围为 0.01～327.67s。

1ms 积算定时器：T246～T249，4 点（中断动作），计时范围为 0.001～32.767s。

100ms 积算定时器：T250～T255，6 点，计时范围为 0.1～3276.7s。

PLC 中的定时器是对机内 1ms、10ms、100ms 等不同规格时钟脉冲累加计时的。定时器除了占有自己编号的存储器外，还占有一个设定值寄存器和一个当前值寄存器。设定值寄存器存放程序赋予的定时设定值，当前值寄存器记录计时的当前值。这些寄存器均为 16 位二进制存储器，其最大值乘以定时器的计时单位值即定时器的最大计时范围值。定时器满足计时条件时，当前值寄存器开始计数，当它的当前计数值与设定值寄存器中设定值相等时，定时器的输出触头动作。定时器可采用程序存储器内的十进制常数（K）作为定时设定值，也可用数据寄存器（D）中的内容进行间接指定。不作为定时器使用的定时器，可作为数据寄存器使用。

二、辅助继电器

PLC 内部有许多辅助继电器（M），其动作原理与输出继电器一样，只能由程序驱动。它相当于继电器控制系统中的中间继电器，没有向外的任何联系，只供内部编程使用，其常开/常闭触头使用次数不受限制。辅助继电器不能直接驱动外部负载，外部负载的驱动必须通过输出继电器来实现。

FX 系列 PLC 的辅助继电器可分为 3 类，见表 7-3。

表 7-3　FX 系列 PLC 的辅助继电器

	FX1S	FX1N	FX2N/FX2NC
通用辅助继电器	384 点（M0 ~ M383）	384 点（M0 ~ M383）	500 点（M0 ~ M499）
锁存（断电保持）辅助继电器	128 点（M384 ~ M511）	1152 点（M384 ~ M1535）	2572 点（M500 ~ M3071）
特殊辅助继电器	256 点（M8000 ~ M8255）		

（一）通用辅助继电器

可编程序控制器中配有大量的通用辅助继电器，其主要用途和继电器电路中的中间继电器类似，常用于逻辑运算的中间状态存储及信号类型的变换。辅助继电器的线圈只能由程序驱动，它只具有内部触头。如果在 PLC 运行过程中突然停电，输出继电器与通用辅助继电器将全部变为 OFF。若电源再次接通时，除了输入条件为 ON（接通）的以外，其余的仍将保持为 OFF。

（二）锁存（断电保持）辅助继电器

根据控制对象的不同，某些控制系统需要记忆电源中断瞬间时的状态，重新通电后再现其状态的情况，断电保持辅助继电器就能满足这样的需要。在电源中断时，PLC 用锂电池保持 RAM 中映像寄存器的内容，它们只是在 PLC 重新上电后的第一个扫描周期保持断电瞬时的状态。为了利用它们的断电记忆功能，可以采用有记忆功能的电路。设 X000 和 X001 分别是启动按钮和停止按钮，M500 通过 Y000 控制外部的电动机。如果电源中断时 M500 为 1 状态，因为电路的记忆作用，重新通电后 M500 将保持为 1 状态，使 Y000 继续为 ON，电动机重新开始运行；而对于 Y001，则由于 M0 没有停电保持功能，电源中断重新通电时，Y001 无输出。

（三）特殊辅助继电器

M8000 ~ M8255（256 点）。特殊辅助继电器是具有特定功能的辅助继电器，它们用来表示 PLC 的某些状态，提供时钟脉冲和标志（如进位、借位标志），设定 PLC 的运行方式，或用于步进顺控、禁止中断、设定计数器是加计数器还是减计数器等，根据使用方式又可以分为以下两类：

①只能利用其触头的特殊辅助继电器：其线圈由 PLC 自行驱动，用户只能利用其触头。这类特殊辅助继电器常用作时基、状态标志或专用控制元件出现在程序中。例如：

M8000：运行标志（RUN），在 PLC 运行时监控接通。

M8002：初始化脉冲，只在 PLC 开始运行的第一个扫描周期接通。

M8011~M8014 分别是 10ms、100ms、1s 和 1min 的时钟脉冲特殊辅助继电器。

②可驱动线圈型特殊辅助继电器：用户驱动线圈后，PLC 做特定动作。例如：

M8030：使 BATTLED（锂电池欠压指示灯）熄灭。

M8033：PLC 停止时输出保持。

M8034：禁止全部输出。

M8039：定时扫描方式。

注意：未定义的特殊辅助继电器不可在程序中使用。

三、常数

常数也作为软元件对待，它在存储器中占有一定的空间。PLC 内部经常使用十进制常数和十六进制常数。十进制常数用 K 来表示，如 K18 表示 18；十六进制常数用 H 来表示，如 H18 表示十进制的 24。

四、空操作和程序结束指令

（一）指令助记符及功能

空操作和程序结束指令（NOP、END 指令）的功能操作元件、所占的程序步如表 7-4 所示。

表 7-4　空操作和程序结束指令表

符号	名称	功能	操作元件	程序步
NOP	空操作	无动作	无	1
END	结束	输入/输出处理，程序回到第 0 步	无	1

（二）指令说明

①空操作指令就是使该步骤无操作。在程序中加入空操作指令，在变更程序或增加指令时可以使程序步序号不变化。用 NOP 指令也可以替换一些已写入的指令，修改梯形图或程序。

注意：若将 LD、LDI、ANB、ORB 等指令转换成 NOP 指令后，会引起梯形图电路的构成发生很大的变化，导致出错。

②当执行程序全部清零操作时，所有指令均变成 NOP。

③可编程序控制器按照输入处理、程序执行、输出处理循环工作，若在程序中不

写入 END 指令，则可编程序控制器从用户程序的第一步扫描到程序存储器的最后一步。若在程序中写入 END 指令，则 END 以后的程序步骤将不再扫描，而是直接进行输出处理。也就是说，使用 END 指令可以缩短扫描周期。

④ END 指令还有一个用途是可以对较长的程序进行分段调试。调试时，可将程序分段后插入 END 指令，从而依次对各程序段的运算进行检查，然后在确认前面程序段正确无误之后依次删除 END 指令。

五、3 台电动机顺序启停的 PLC 控制实施

（一）分配 I/O 地址

启动按钮 SB1——X000、停止按钮 SB2——X001，为了节约 PLC 的输入点数，将第一台电动机的过载保护 FR1、第二台电动机的过载保护 FR2、第三台电动机的过载保护 FR3 串联在一起，然后接到 PLC 的输入端子 X002 上。输出有 3 个：第一台电动机 KM1——Y000，第二台电动机 KM2——Y001，第三台电动机 KM3——Y002。根据 I/O 分配，可以设计出电动机顺序控制的 I/O 接线图。

（二）程序设计

该控制系统是典型的顺序启动控制。按下启动按钮 X000，第一台电动机 Y000 启动，同时定时器 T0 的线圈为 ON，开始定时。定时器 T0 的线圈接通 5s 后，延时时间到，其常开触头闭合，第二台电动机 Y001 启动，同时定时器 T1 的线圈为 ON，开始定时；定时器 T1 的线圈接通 10s 后，延时时间到，其常开触头闭合，第三台电动机 Y002 启动。当停止时，按下停止按钮 X001，所有的线圈都失电，3 台电动机全部停止。

（三）系统调试

①用 GX Developer 软件编程并将程序下载到 PLC 当中。

②静态调试。正确连接好输入设备，进行 PLC 程序的静态调试（按下启动按钮 X000 后，Y000 亮，5s 后，Y001 亮，10s 后，Y002 亮；按下停止按钮 X001 或热继电器 X002 动作，Y000、Y001、Y002 同时熄灭），观察 PLC 的输出指示灯是否按要求指示，否则，检查并修改程序，直至输出指示正确。

③动态调试。正确连接好输出设备，进行系统的空载调试，观察交流接触器能否按控制要求动作（按下启动按钮 X000 后，KM1 闭合，5s 后，KM2 闭合，10s 后，KM3 闭合；按下停止按钮 X001 或热继电器 X002 动作，KM1、KM2、KM3 同时断开），

否则，检查电路接线或修改程序，直至交流接触器能按控制要求动作；然后连接好电动机，进行带载动态调试。

第三节　电动机循环正反转的PLC控制

一、计数器

PLC内部的软元件——计数器（C）在程序中用作计数控制。FX2N系列PLC中计数器可分为内部信号计数器和外部信号计数器两类。内部计数器是对机内元件（X、Y、M、S、T和C）的触头通断次数进行积算式计数，当计数次数达到计数器的设定值时，计数器触头动作，使控制系统完成相应的控制作用。计数器的设定值可由十进制常数（K）设定，也可以由指定的数据寄存器（D）中的内容进行间接设定。由于机内元件信号的频率低于扫描频率，因而是低速计数器，也称普通计数器。对高于机器扫描频率的外部信号进行计数，需要用机内的高速计数器。FX系列的计数器见表7-5。

表7-5　FX系列的计数器

	FX1S	FX1N	FX2N/FX2NC
16位通用计数器	16点（C0～C15）	16点（C0～C15）	100点（C0～C99）
16位锁存（断电保持）计数器	16点（C16～C31）	184点（C16～C199）	100点（C100～C199）
32位通用计数器		20点（C200～C219）	
32位锁存（断电保持）计数器		15点（C220～C234）	
高速计数器	21点（C235～C255）		

（一）16位增计数器

有两种16位增计数器。
①通用型：C0～C99（100点）。
②掉电保持型：C100～C199（100点）。

16位是指其设定值及当前值寄存器为二进制16位寄存器，其设定值在K1～K32 767范围内有效。设定值K0与K1意义相同，均在第一次计数时，其触头动作。

16位计数器计数输入X011是计数器的计数条件，X011每次驱动计数器C0的线圈时，计数器的当前值加1。"K10"为计数器的设定值。当第10次驱动计数器线圈指令时，计数器的当前值和设定值相等，触头动作Y000=ON。当C0的常开触头闭合（置1）后，即使X011再动作，计数器的当前状态也保持不变。

由于计数器的工作条件X011本身就是断续工作的，外电源正常时，其当前值寄存器具有记忆功能，因而即使是非掉电保持型的计数器也需复位指令才能复位。当复位输入X010接通时，执行RST指令，计数器的当前值复位为0，输出触头也复位。

计数器的设定值，除了常数之外，也可以间接通过数据寄存器设定。使用计数器C100~C199时，即使停电，当前值和输出触头的位置/复位状态也能保持。

（二）32位增/减计数器

有两种32位的增/减计数器。

（1）通用型：C200~C219（20点）。

（2）掉电保持型：C220~C234（15点）。

32位指其设定值寄存器为32位，由于是双向计数，32位的首位为符号位。设定值的最大绝对值为31位二进制数所表示的十进制数，即-2147483648~+2147483647。设定值可直接用常数K或间接用数据寄存器（D）的内容，间接设定时，要用元件号紧连在一起的两个数据寄存器。

计数的方向（增计数或减计数）由特殊辅助继电器M8200~M8234设定。对于C×××，当M8×××接通（置1）时为减法计数，当M8×××断开（置0）时为加法计数。

二、三相异步电动机正反转控制（互锁环节）

在启停电路的基础上，如希望实现三相异步电动机正反转运转，需增加一个反转控制按钮和一个反转接触器。三相异步电动机正反转控制的PLC I/O接线选两套起—保—停电路，一个用于正转（通过Y000驱动正转接触器KM1），一个用于反转（通过Y001驱动反转接触器KM2）。考虑正转、反转两个接触器不能同时接通，在两个接触器的驱动回路中分别串入另一个接触器的常闭触头（如在Y000回路串入Y001的常闭触头）。这样一来，当代表某个转向的驱动元件接通时，代表另一个转向的验动元件就不可能同时接通了。这种两个线圈回路中互串对方常闭触头的电路结构形式叫作"互锁"。

三、脉冲式触头指令

（一）指令助记符及功能

脉冲式触头指令（LDP、LDF、ANDP、ANDF、ORP、ORF 指令）的功能、操作元件、所占的程序步如表 7-6 所示。

表 7-6 脉冲式触头指令表

符号	名称	功能	操作元件	程序步
LDP	取上升沿脉冲	上升沿脉冲逻辑运算开始	X、Y、M、S、T、C	2
LDF	取下降沿脉冲	下降沿脉冲逻辑运算开始	X、Y、M、S、T、C	2
ANDP	与上升沿脉冲	上升沿脉冲串联连接	X、Y、M、S、T、C	2
ANDF	与下降沿脉冲	下降沿脉冲串联连接	X、Y、M、S、T、C	2
ORP	或上升沿脉冲	上升沿脉冲并联连接	X、Y、M、S、T、C	2
ORF	或下降沿脉冲	下降沿脉冲并联连接	X、Y、M、S、T、C	2

（二）使用注意事项

① LDP、ANDP 和 ORP 指令是用来做上升沿检测的触头指令，触头的中间有 1 个向上的箭头，对应的触头仅在指定位元件的上升沿（由 OFF 变为 ON）时接通 1 个扫描周期。

② LDF、ANDF 和 ORF 指令是用来做下降沿检测的触头指令，触头的中间有 1 个向下的箭头，对应的触头仅在指定位元件的下降沿（由 ON 变为 OFF）时接通 1 个扫描周期。

③ 脉冲式触头指令的操作元件有 X、Y、M、T、C 和 S。上升沿或下降沿出现时，仅在 1 个扫描周期为 ON。

四、电动机循环正反转的 PLC 控制实施

（一）分配 I/O 地址

停止按钮 SB——X000、正转启动按钮 SB1——X001，反转启动按钮 SB2——X002，电动机的过载保护 FR——X003。输出有两个：电动机正转接触器 KM1——Y001，电动机正转接触器 KM2——Y002。

（二）程序设计

电动机循环正反转控制的程序第 1 行至第 6 行，PLC 由 STOP 至 RUN 时或者按下正转启动按钮 X001、反转启动按钮 X002，计数器 C0 复位；第 7 行至第 12 行，按下正转启动按钮 X001，辅助继电器 M1 得电并自锁，第 13 行至第 18 行，按下反转启动按钮 X002，辅助继电器 M2 得电并自锁，第 19 行至第 51 行，辅助继电器 M1 或 M2 得电后，定时器 T0、T1、T2、T3 的线圈为 ON，开始定时。M1 得电时，电动机正转运行；10s 后，电动机暂停 5s；然后电动机再反转 10s，暂停 5s，此时计数器 C0 计数；如此循环 5 个周期，然后自动停止。M2 得电时，电动机反转运行；10s 后，电动机暂停 5s；然后电动机再正转 10s，暂停 5s，此时计数器 C0 计数；如此循环 5 个周期，然后自动停止。运行中，按下停止按钮或热继电器动作时电动机均会停止运行。

（三）系统调试

①用 GX Developer 软件编程并将程序下载到 PLC 当中。

②静态调试。正确连接好输入设备，进行 PLC 程序的静态调试（按下正转启动按钮 X001 后，Y001 亮，10s 后，Y001 熄灭，5s 后，Y002 亮，10s 后，Y002 熄灭，5s 后 Y001 亮，如此 5 个循环，Y001、Y002 都熄灭；按下反转启动按钮 X002 后，Y002 亮，10s 后，Y002 熄灭，5s 后，Y001 亮，10s 后，Y001 熄灭，5s 后 Y002 亮，如此 5 个循环，Y001、Y002 都熄灭；按下停止按钮 X000 或热继电器 X002 动作时，Y001、Y002 都熄灭），观察 PLC 的输出指示灯是否按要求指示，否则，检查并修改程序，直至输出指示正确。

③动态调试。正确连接好输出设备，进行系统的空载调试，观察交流接触器能否按控制要求动作（按下正转启动按钮 X001 后，KM1 闭合，10s 后，KM1 断开，5s 后，KM2 闭合，10s 后，KM2 断开，5s 后 KM1 闭合，如此 5 个循环，KM1、KM2 都断开。按下反转启动按钮 X002 后，KM2 闭合，10s 后，KM2 断开，5s 后，KM1 闭合，10s 后，KM1 断开，5s 后 KM2 闭合，如此 5 个循环，KM1、KM2 都断开；按下停止按钮 X000 或热继电器 X002 动作时，KM1、KM2 都断开）。否则，检查电路接线或修改程序，直至交流接触器能按控制要求动作；然后连接好电动机，进行带载动态调试。

第四节 电动机 Y/△减压启动的 PLC 控制

一、电路块连接指令

（一）指令助记符及功能

电路块连接指令（ORB、ANB 指令）的功能、操作元件、所占的程序步如表 7-7 所示。

表 7-7 电路块连接指令表

符号	名称	功能	操作元件	程序步
ORB	电路块或	串联电路的并联连接	无	1
ANB	电路块与	并联电路的串联连接	无	1

（二）指令说明

① ORB 指令是不带操作元件的指令。两个以上触头串联连接的支路称为串联电路块，将串联电路块再并联时，分支开始用 LD、LDI 指令表示，分支结束用 ORB 指令表示。

② 有多条串联电路块并联时，可对每个电路块使用 ORB 指令，对并联电路数没有限制。

③ 对多条串联电路块并联电路，也可成批使用 ORB 指令，但考虑到 LD、LDI 指令的重复使用限制在 8 次，因此 ORB 指令的连续使用次数也应限制在 8 次。

④ ANB 指令是不带操作组件编号的指令。两个或两个以上触头并联的电路称为并联电路块。当分支电路并联电路块与前面的电路串联时，使用 ANB 指令。分支起点用 LD、LDI 指令，并联电路块结束后使用 ANB 指令，表示与前面的电路串联。

⑤ 若多个并联电路块按顺序和前面的电路串联时，则 ANB 指令的使用次数没有限制。

⑥ 对多个并联电路块串联时，ANB 指令可以集中成批地使用，但在这种场合，与 ORB 指令一样，LD、LDI 指令的使用次数只能限制在 8 次，ANB 指令成批使用次数也应限制在 8 次。

二、多重输出电路指令

（一）指令助记符及功能

多重输出电路指令（MPS、MRD、MPP 指令），又称为堆栈指令，其功能、操作元件、所占的程序步如表 7-8 所示。

表 7-8 多重输出电路指令表

符号	名称	功能	操作元件	程序步
MPS	进栈	进栈	无	1
MRD	读栈	读栈	无	1
MPP	出栈	出栈	无	1

（二）指令说明

①这组指令分别为进栈、读栈、出栈指令，用于分支多重输出电路中将连接点数据先存储，便于连接后面电路时读出或取出该数据。

②在 FX2N 系列 PLC 中有 11 个用来存储中间运算结果的存储区域，称为栈存储器。使用一次 MPS 指令，便将此刻的中间运算结果送入堆栈的第一层，而将原存在堆栈第一层的数据移往堆栈的下一层。

MRD 指令是读出栈存储器最上层的最新数据，此时堆栈内的数据不移动。可对分支多重输出电路多次使用，但分支多重输出电路不能超过 24 行。使用 MPP 指令，栈存储器最上层的数据被读出，各数据顺次向上一层移动。读出的数据从堆栈内消失。

③MPS、MRD、MPP 指令都是不带软元件的指令。

④MPS 和 MPP 必须成对使用，而且连续使用应少于 11 次。

三、主控触头指令

在编程时，经常会遇到许多线圈同时受 1 个或 1 组触头控制的情况，如果在每个线圈的控制电路中都串入同样的触头，将占用很多存储单元，主控触头指令可以解决这一问题。

使用主控触头指令的触头称为主控触头，主控触头是控制 1 组电路的总开关。

（一）指令助记符及功能

主控触头指令（MC、MCR 指令）的功能、所占的程序步如表 7-9 所示。

表 7-9 主控触头指令表

符号	名称	功能	程序步
MC	主控	主控电路块起点	3
MCR	主控结束	主控电路块终点	2

(二) 指令说明

① MC 为主控起点，操作数 N (0~7) 为嵌套层数，操作元件为 M、Y，特殊辅助继电器不能用作 MC 的操作元件。MCR 为主控结束指令，主控电路块的终点。MC 和 MCR 必须成对使用。

② 与主控触头相连的触头必须用 LD/LDI 指令，即执行 MC 指令后，母线移到主控触头的后面，MCR 使母线回到原来的位置。

③ 若输入 X000 接通，则执行 MC 至 MCR 之间的梯形图电路的指令。若输入 X000 断开，则跳过主控指令控制的梯形图电路，这时 MC 至 MCR 之间的梯形图电路根据软元件性质不同有以下两种状态。

a. 积算定时器、计数器、置位/复位指令驱动的软元件保持断开前状态不变。

b. 非积算定时器、OUT 指令驱动的软元件均变为 OFF 状态。

④ 在 MC 指令内再使用 MC 指令时，称为嵌套，嵌套层数 N 的编号顺次增大；主控返回使用 MCR 指令，嵌套层数 N 的编号顺次减少。

四、电动机 Y/△减压启动的 PLC 控制实施

(一) 分配 I/O 地址

通过分析任务导入中的控制要求可知，该控制系统有 3 个输入：启动按钮 SB1——X001，停止按钮 SB2——X000，电动机的过载保护 FR——X002。输出有 3 个：电源接触器 KM1——Y000，Y 形接触器 KM3——Y001，△形接触器 KM2——Y002。

(二) 程序设计

当没有按下停止按钮或热继电器没有动作时，执行 MC 至 MCR 之间的梯形图电路的指令；按下启动按钮 X001，Y000 和 Y001 得电，接触器 KM1 和 KM3 闭合，电动机 Y 形启动；同时定时器 T0 开始定时，6s 后，T0 常闭触头断开，Y001 失电，解除 Y 形连接，Y001 的常闭触头闭合，为 Y002 得电做准备，T0 常开触头闭合，T1 开始定时，0.5s 后，Y002 得电，接触器 KM2 闭合，电动机 △ 运行。停止时或热

继电器动作时，不执行 MC 至 MCR 之间的梯形图电路的指令，所有接触器线圈都失电，电动机停止运行。用 T1 定时器实现 Y 形和△形绕组换接时的 0.5s 的延时，以防 KM2、KM3 同时通电，造成主电路短路。

（三）系统调试

①用 GX Developer 软件编程并将程序下载到 PLC 中。

②静态调试。正确连接好输入设备，进行 PLC 程序的静态调试（按下启动按钮 X001 后，Y000、Y001 亮，6s 后，Y000 亮、Y001 熄灭，0.5s 后，Y000、Y002 亮；按下停止按钮 X000 或热继电器 X002 动作时，Y000、Y001、Y002 同时熄灭），观察 PLC 的输出指示灯是否按要求指示，否则，检查并修改程序，直至输出指示正确。

③动态调试。正确连接好输出设备，进行系统的空载调试，观察交流接触器能否按控制要求动作（按下启动按钮 X001 后，KM1、KM3 闭合，6s 后，KM1 闭合、KM3 断开，0.5s 后，KM1、KM2 闭合；按下停止按钮 X000 或热继电器 X002 动作时，KM1、KM2、KM3 同时断开），否则，检查电路接线或修改程序，直至交流接触器能按控制要求动作；然后连接好电动机，进行带载动态调试。

参考文献

[1] 韩常仲，蔡锦韩，王荣娟. 电气控制系统与电力自动化技术应用 [M]. 汕头：汕头大学出版社，2022.01.

[2] 曾新红，白明，王立涛. 电气控制与 PLC 应用技术 [M]. 成都：西南交通大学出版社，2022.02.

[3] 崔兴艳. 机床电气控制技术 [M]. 北京：机械工业出版社，2022.06.

[4] 张春丽，李建利. 电机与电气控制技术 [M]. 北京：机械工业出版社，2022.10.

[5] 许强. 电气控制与 PLC 应用 [M]. 北京：北京理工大学出版社有限责任公司，2022.06.

[6] 李楠，孙建. 电机与电气控制 [M]. 北京：机械工业出版社，2022.07.

[7] 孙在松，杨强. 工厂电气控制技术 [M]. 北京：北京理工大学出版社有限责任公司，2022.07.

[8] 刘攀. 电机与电气控制技术研究 [M]. 长春：吉林科学技术出版社，2022.08.

[9] 邹红利，滕璇璇，陈德山. 电气与控制工程项目管理 [M]. 北京：中国水利水电出版社，2022.01.

[10] 巫莉，黄江峰. 电气控制与 PLC 应用（第三版）[M]. 北京：中国电力出版社，2022.08.

[11] 范丛山，高杨. 电气控制线路安装与调试 [M]. 北京：机械工业出版社，2022.03.

[12] 张君霞，王丽平. 电气控制与 PLC 技术（S7-1200）[M]. 北京：机械工业出版社，2022.02.

[13] 何瑞，吴丽. 电气控制与 PLC 应用技术（FX$_{3U}$）（第 4 版）[M]. 北京：机械工业出版社，2022.

[14] 杨超，何军全，岑曦. 电气控制 [M]. 天津：天津科学技术出版社，2021.04.

[15] 范次猛. 电气控制技术基础 [M]. 北京：北京理工大学出版社，2021.08.

[16] 王谊，钮长兴，谭云峰. 电气控制与 PLC 技术 [M]. 重庆：重庆大学出版社，2021.10.

[17] 宋庆烁，刘清平. 工厂电气控制技术（第 2 版）[M]. 北京：北京理工大学出版社有限责任公司，2021.05.

[18] 张兴国. 电气控制与 PLC 技术及应用 [M]. 西安：西安电子科学技术大学出版社，2021.03.

[19] 和红梅，孙晓晖. 电机原理与电气控制技术探究 [M]. 长春：吉林大学出版社，2021.05.

[20] 程国栋. 电气控制及 S7-1200 PLC 应用技术 [M]. 西安：西安电子科学技术大学出版社，2021.01.

[21] 文晓娟，王丽平. 电气控制与 PLC 应用技术（西门子系列）（第 2 版）[M]. 北京：中国铁道出版社，2021.01.

[22] 郝润生，宋晓晶. 普通高等教育电气工程自动化工程应用型系列教材：电气控制与 PLC 案例教程 [M]. 北京：机械工业出版社，2021.09.

[23] 黄建清. 电气控制与可编程控制器应用技术 [M]. 北京：机械工业出版社，2020.03.

[24] 周扬忠. 电气自动化新技术丛书：多相永磁同步电动机直接转矩控制 [M]. 北京：机械工业出版社，2021.01.

[25] 潘天红，陈娇. 普通高等教育电气工程自动化系列教材：计算机控制技术 [M]. 北京：机械工业出版社，2021.02.

[26] 卢香平. 电气控制实用技术 [M]. 北京：北京理工大学出版社有限责任公司，2021.11.

[27] 吴春诚. 电气控制与 PLC 应用 [M]. 北京：北京理工大学出版社有限责任公司，2021.08.

[28] 袁维义，杨静芬，陈锐. 电机与电气控制技术（第 2 版）[M]. 北京：北京理工大学出版社，2021.08.

[29] 赵江稳，吕增芳，杨国生. 电气控制与 PLC 综合应用技术（第 2 版）[M]. 北京：中国电力出版社有限责任公司，2021.

[30] 张君霞，戴明宏. 电气控制与 PLC[M]. 北京：机械工业出版社，2021.01.

[31] 孙平，潘康俊. 电气控制与 PLC（第 4 版）[M]. 北京：高等教育出版社，2021.12.

[32] 陈秋菊，汪怀蓉. 建筑电气控制技术 [M]. 北京：北京理工大学出版社有限责任公司，2021.10.

[33] 苗玲玉，韩光坤，殷红. 电气控制技术（第 3 版）[M]. 北京：机械工业出版社，2021.08.

[34] 宋广雷，赵飞．机床电气控制（第 2 版）[M]．北京：高等教育出版社，2021.06．

[35] 胡晓朋．电气控制及 PLC[M]．北京：机械工业出版社，2021.09．

[36] 朱晓慧，党金顺．电气控制技术（第 2 版）[M]．北京：清华大学出版社，2021.08．

[37] 贾磊，曾令琴．电气控制与 PLC 应用 [M]．北京：人民邮电出版社，2021.08．

[38] 王明武．电气控制与 S7-1200 PLC 应用技术 [M]．北京：机械工业出版社，2020.08．

[39] 李彦豪，邱洪顺．电气控制与 PLC[M]．北京：中国原子能出版社，2020.09．

[40] 李会英，江丽．电气控制与 PLC[M]．北京：北京交通大学出版社，2020.09．

[41] 王建明．电机及机床电气控制（第 3 版）[M]．北京：北京理工大学出版社，2020.12．

[42] 谭海明．电气控制与 PLC 应用技术 [M]．北京：北京工业大学出版社，2020.04．

[43] 郑孝怡．电气控制及 PLC 技术应用 [M]．哈尔滨：哈尔滨工程大学出版社，2020.07．

[44] 王晓瑜．电气控制与 PLC 应用技术 [M]．西安：西北工业大学出版社，2020.09．

[45] 李大明，夏继军，杨彦伟．电机与电气控制技术（第 2 版）[M]．武汉：华中科学技术大学出版社，2020.10．

[46] 刘雅俊．电气控制技术及其项目实践 [M]．秦皇岛：燕山大学出版社，2020.12．

[47] 吴浪武，魏树国，莫慧芳．电气控制与 PLC[M]．西安：西北工业大学出版社，2020.03．